이웅용의
강아지 심리백과

입양부터 훈련까지 우리 아이 행복한 댕댕이로 키우는

🐾 이웅용의 🐾
강아지
심리백과

이웅용 지음

당신에게 강아지는 어떤 존재입니까?

강아지는 정말 사랑스러운 생명체입니다. 저만을 바라보며 반짝이는 그 눈동자를 사랑하지 않을 수 없지요. 저는 어릴 때부터 강아지의 매력에 푹 빠졌기에 자연스럽게 애견훈련사의 길을 걷게 되었습니다. 20년 가까이 애견훈련사를 하면서 경험하고 느낀 것이 참 많습니다. 애견훈련사가 된 후 만난 수많은 강아지들을 통해 저는 인간 중심의 사고에서 벗어나 새로운 세상을 만날 수 있었습니다. 참으로 큰 즐거움과 행복과 위안을 얻었습니다.

이런 깨달음을 준 강아지들에게 감사하며 언제나 새로 만나는 강아지들에게도 최선을 다하자고 다짐합니다. 또한 어떻게 하면 세상의 모든 반려견들이 더 행복하고 즐겁게 살아갈 수 있을지 고민합니다.

애견훈련사를 하면서 많은 것을 보고, 느끼고, 즐겁고, 행복한 순간도 많았지만 안타까운 마음이 들 때가 더 많았습니다. 사실, 강아지들이 인간에게 바라는 것은 많지 않은데 그마저도 채워주지 못하는 보호자가 꽤 있습니다. 그런가 하면 너무 많은 것을 주려고 하는 보호자의 욕심에 역효과가 생기는 경우도 있습니다.

강아지는 인간과 공존하며 살아가는 존재이기에 보호자는 입양한 강아지가 예의 있는 강아지로 자라게끔 기본적인 훈련을 해야 합니다. 강아지를 마냥 귀여워하거나 잘못된 방법으로 대하다 보면 결국 문제행동을 일으킨다며 저를 찾아오거나 심지어는 '문제견'으로 낙인 찍고 파양을 고민하는 경우도 있습니다.

그래서 저는 반려견과 반려인이 행복하게 지낼 수 있도록 강아지에 대한 정보와 훈련법을 알려드려야겠다고 생각했습니다. 강아지가 하는 행동에 어떤 심리가 숨어 있는지, 또 강아지를 대하는 데에도 에티켓이 필요하다는 사실을 알려드리고 싶었습니다. 이 책에 반려견을 키우면서 지켜야 할 기본 상식과 실생활에서 반려견에게 꼭 해주어야 하는 내용을 담았습니다. 물론 '앉아', '기다려' 같은 훈련법과 짖음, 물어뜯음, 식탐, 식분증 등의 문제 행동 교정에 대해서도 자세히 설명했습니다. 부디 책에 소개한 내용이 많은 반려견과 반려인들에게 도움이 되면 좋겠습니다.

저는 지금까지 강아지들의 행동양식에 대한 이해, 인간과 강아지의 서로 다른 행동 양식으로 인한 갈등을 최소화하기 위한 연구를 꾸준히 해왔습니다. 앞으로도 강아지와 인간이 '더불어 행복한' 동반자의 삶을 살 수 있도록 돕는 데 최선을 다할 것입니다.

이 책을 통해 반려견과 반려인이 함께 살아가기 위한 기본적인 예절과 규칙을 익혀 모든 반려견들이 평균 15년이라는 견생을 훌쩍 넘어 오래오래 행복하게 지내기를 바랍니다.

애견훈련사·행동교정 전문가

이웅용 소장

차례

PART 4

**함께 살기 위한
훈련과
문제행동교정**

PART 5

집에서 하는 강아지 건강 관리

강아지와
가족이 될
준비하기

01
강아지를
키우고
싶다면

1 입양을 결정하기 전에 내 환경 살펴보기

반려동물, 그중에서도 반려견은 우리 인간과 오랫동안 기쁨과 슬픔을
함께 해오고 있다. 그러나 이런 관계는 하루아침에 이루어지는 것이 아
니다. 부모가 자녀를 키울 때만큼의 정성과 사랑을 쏟아야 한다.

강아지를 키우기로 마음먹었다면 덜컥 데려오기에 앞서 고려해야 할
부분이 많다. 강아지를 위해 얼마나 시간을 낼 수 있는지, 주거 환경은
적합한지, 알레르기가 있는지, 강아지에게 드는 비용을 감당할 수 있는
지 등이다. 한 생명체를 책임지는 데에는 많은 노력이 필요하다는 사실
을 기억하고 자신의 생활 패턴을 먼저 체크해보자.

❶ 시간

강아지를 기르려면 무엇보다 시간이 필요하다. 매일 출근을 한다면 출근 전에 강아지 밥을 챙겨야 하는 것은 물론이고 퇴근하고 집에 와서도 강아지를 산책시키고, 밥을 주고, 털을 손질해주어야 한다. 그리고 초기에는 어린 강아지이든 나이 든 강아지이든 적응 훈련이 필요하다. 갑자기 아프기라도 하면 동물병원에 데려가야 하고, 때로는 털을 밀거나 발톱 손질도 해주어야 한다. 가족 중에 책임지고 강아지를 돌봐줄 사람이 있다면 다행이지만 그렇지 않다면 이 모든 일은 고스란히 보호자의 몫이 된다.

만약 강아지가 보호자를 선택할 수 있다면 어떤 사람을 고를까? 경제적으로 여유가 있어 비싼 용품이나 사료를 척척 사줄 수 있는 사람을 선택할까, 아니면 함께 많은 시간을 보내줄 수 있는 사람을 선택할까? 아마도 후자일 것이다. 그만큼 강아지와 함께 살아가려면 같이 보내는 시간의 양이 중요하다. 특히 강아지는 혼자 있는 것에 스트레스를 느낀다. 또한 시간이 없다는 이유로 제대로 돌보지 않는다면 배변 문제나 짖기, 물건 씹기 등의 문제를 일으킬 수 있다.

☑ 체크포인트

☐ 강아지를 매일 돌볼 시간과 체력이 되는가?

☐ 집을 비울 때 강아지를 대신 맡아줄 사람이 있는가?

☐ 비가 오거나 눈이 내리는 날도 산책을 할 수 있는가?

☐ 동물병원에 가거나 미용 등을 위해 시간을 낼 수 있는가?

❷ 주거 환경

시간 다음으로 고려할 요소는 어디에 사느냐다. 마당이 있는 단독주택에서 사느냐, 아니면 아파트 같은 공동주택에서 사느냐에 따라 기르고자 하는 강아지의 크기나 종이 달라질 수 있다. 아파트 같은 공동주택에서는 아무리 순한 성격이라고 해도 몸집 큰 강아지를 기르기가 쉽지 않기 때문이다. 물론 몸집이 작다고 해서 다 조용하고 얌전하리란 법도 없다.

거주 형태가 자기 집이냐, 전세 또는 월세냐에 따라서도 달라진다. 자기 소유의 집이라면 문제가 없겠지만, 전세나 월세라면 먼저 집주인의 동의를 얻는 것이 좋다. 주위에 강아지가 산책을 하거나 마음껏 뛰어놀 수 있는 공원(또는 공터)이 있는지도 고려해야 할 부분이다. 강아지가 매일 충분히 운동을 해서 에너지를 발산한다면 집 안에서도 비교적 얌전하게 지낼 것이다.

☑ 체크포인트

☐ 임대한 집에 살고 있다면, 집주인의 동의를 얻었는가?

☐ 단독주택에서 살고 있다면, 담장과 울타리의 틈새와 높이, 대문의 잠금장치
등을 확인했는가?

☐ 강아지가 안전하게 생활할 수 있도록 실내 가구를 배치하였는가?

❸ 가족 구성원

가족과 함께 산다면 강아지를 입양하기 전에 가족 모두의 동의를 구해야 한다. 강아지를 입양하면 10년 이상 가족으로서 함께 살아야 하기 때문이다. 길을 가다 애견숍에서 보고 예뻐서 데려오거나 아이의 선물로 무작정 안기는 것은 다른 가족을 위해서나 강아지를 위해서나 바람직하지 않다. 준비없이 데려온 강아지의 양육은 한 사람, 특히 엄마의 몫이 될 수도 있다. 게다가 그 강아지가 훈련이 덜 되어 공격적이고 화장실도 제대로 못 가리고, 치료하기 어려운 질병이 있다면 계속 길러야 할지 말아야 할지 고민에 빠질 수도 있다. 집에 아직 어린 아이가 있거나 다른 반려동물이 있다면 그들과의 관계도 고려해야 한다.

☑ 혼자 산다면

☐ 강아지에게 놀이, 산책할 시간을 충분히 제공할 수 있는가?

☐ 집을 비우는 동안 강아지가 잘 놀 수 있도록 장난감을 충분히 준비했는가?

☐ 강아지의 상태를 모니터링할 수 있는 장치(CCTV)를 준비했는가?

☐ 출장이나 여행 시 대신 돌봐줄 사람이 있거나 업체(펫시터)를 알아두었는가?

☑ 가족과 함께 산다면

☐ 강아지의 입양에 대해 가족 모두의 동의를 얻었는가?

☐ 책임지고 돌볼 사람을 정했는가?

☐ 책임보호자 외에 다른 가족도 일을 나누어 할 수 있는가?

❹ 알레르기

알레르기는 강아지의 비듬이나 타액, 소변 등으로 인해 발생한다. 강아지 입양 후 어느 날 갑자기 몸이 간지럽거나 눈이 붓고 기침이 나온다면 알레르기일 가능성이 높다. 반려동물을 키우는 보호자 4명 중 1명이 경험한다고 하는 만큼, 알레르기는 입양 전 중요한 고려 요소다.

사실 알레르기를 예방하는 가장 좋은 방법은 강아지를 키우지 않는 것이다. 하지만 이미 강아지와 정이 들었는데 다시 떠나보내기란 쉽지 않다. 따라서 강아지를 입양하기 전에 강아지 카페를 찾아 다양한 강아지들과 시간을 보내보거나, 본인과 가족에게 알레르기 질환은 없는지 미리 검사를 해보는 것이 모두를 위해 바람직한 선택이 될 것이다.

☑ 알레르기 증상을 완화하려면

☐ 강아지를 입양하기 전에 가족 모두가 알레르기 테스트를 한다.

☐ 펜스 등으로 강아지가 지낼 곳을 구분한다.

☐ 청소를 자주 해서 먼지를 없앤다. 침구는 자주 세탁해서 햇볕에 말리고, 저자극성 세제를 쓴다. 가능하면 바닥에 카펫은 깔지 않는다.

☐ 목욕과 빗질을 자주 해준다. 다만 강아지가 알레르기 질환이 있다면 목욕을 자주 시키는 것은 상황을 더 악화시킬 수 있으니 주의한다.

☐ 산책에서 돌아온 후에는 몸이나 다리, 엉덩이를 깨끗한 타월로 닦아주거나 가볍게 씻어준다.

☐ 헤파필터가 장착된 공기청정기로 실내 공기를 환기시키고, 수시로 진공청

소기를 이용해서 청소를 한다.

☐ 강아지가 알레르기 증상을 보일 수 있는 음식은 주지 않는다.

☐ 털이 비교적 덜 빠지는 견종을 선택한다. 장모종이라고 해서 털이 많이 빠지는 것도, 단모종이라고 해서 털이 덜 빠지는 것도 아니다. 국내에서는 털 빠짐이 적은 슈나우저나 푸들, 몰티즈 등을 선호한다.

❺ 비용

강아지를 키울 때 비용은 얼마나 들까? 아이를 양육하는 것 못지않은 정성과 관심, 그리고 비용이 들어간다. 따라서 입양 전에 강아지를 키우는 데 필요한 비용을 미리 알아두는 것이 좋다. 입양 초기에는 각종 용품을 구입하고 예방접종과 검진 등으로 비용이 많이 들어가 월 20~30만원이 소요된다. 생후 1년이 지나면 월 10~15만원 정도 든다. 단, 이것은 평균적인 금액이며 견종과 견주의 상황에 따라 크게 다르다.

최근 조사에 따르면 반려동물의 양육에 드는 비용은 한 달 평균 5~10만 원이 29.4%로 가장 많고 20~50만 원 미만은 20.1%, 10~20만 원 미만은 19.8% 순이었다. 여기에 예기치 않게 발생하는 질병이나 상해 등으로 인한 의료비를 계산한다면 소요되는 비용은 더 높아진다.

강아지를 입양하기로 결정했다면 이제 어떤 강아지를 선택할지, 어디에서 데려올지, 미리 갖춰야 할 용품에는 어떤 것이 있는지 등을 알아보도록 하자.

❶ 순종 vs. 잡종

강아지의 품종은 크게 순종, 잡종, 이종교배종으로 나뉜다. 순종은 혈통서가 있는 견종, 잡종은 우리 주위에서 흔히 볼 수 있는 믹스견, 이종교배종은 두 견종의 순종을 교배해서 태어난 경우를 말한다. 미리 생각해둔 견종이 있다면 해당 견종에 대한 정보를 찾아보고, 그렇지 않다면

• 내 성향과 환경에 맞는 강아지 선택하기 •

○ 집에서 지내는 것을 좋아하고 강아지와 오래 놀고 싶다면
➡ 토이 푸들, 포메라니안 등 애교가 많은 소형견

○ 1인 가구라서 혼자서도 잘 놀고 외로움을 덜 타는 강아지를 원한다면
➡ 시추, 차우차우 등 독립적인 성향의 강아지

○ 운동하는 것을 즐기고 활동적이며 아웃도어파라면
➡ 보더 콜리, 잭 러셀 테리어, 풍산개, 삽살개, 비글 등 활동량이 많은 강아지

○ 친구 같은 강아지를 원한다면
➡ 골든 리트리버, 래브라도 리트리버 등 몸집이 큰 강아지

지금부터 어떤 견종을 선택할지를 고민해보자.

◇ 순종

　인간에게 족보가 있다면 강아지에게는 혈통서가 있다. 순종은 바로 이 혈통서를 가진 뼈대 있는 가문 출신을 말한다. 순종은 비슷한 유형, 크기, 성격을 가진 강아지를 교배해서 태어나게 함으로써 앞으로 어떤 외모와 성격을 지닌 강아지로 자랄지 예측할 수 있다. 다만, 국내에 순종의 개체 수가 적은 종이라면 근친교배로 인해 특정 질병에 취약할 수도 있다. 현재 국제애견연맹(FCI)의 공인 견종은 340여 종이고, 우리나라에 혈통이 등록된 강아지는 120종 56만 마리에 이른다.

◇ 잡종

　믹스견 또는 똥개라고도 불리며 우리 주위에서 흔히 볼 수 있는 견종이다. 오랜 세월에 걸쳐 결합된 다양한 유전자 덕분에 유전적 결함이 거의 없으며 튼튼하다. 어떤 모습으로 자랄지 지켜보는 즐거움도 있다.

가짜 혈통서에 속지 않으려면　

농림축산식품부에서 혈통서 발급을 허가한 애견단체는 사단법인 한국애견협회와 한국애견연맹 두 곳이다. 따라서 혈통서 있는 순종을 데려오고 싶다면 혈통서에 적힌 부견 소유주의 연락처를 확보하여 분양받은 강아지의 부견이 맞는지 알아보고 혈통서를 발급해준 단체에 전화를 걸어 재확인하는 것이 좋다.

❷ 소형견 vs. 대형견

강아지의 크기(키)는 종에 따라 다른데 다리를 쭉 뻗으면 2미터가 넘는 그레이트 덴에서부터 10센티미터 남짓인 치와와까지 다양하다. 물론 집이 좁다고 해서 대형견을 키울 수 없는 것은 아니다. 골든 리트리버는 크기에 비해 비교적 순한 반면 소형견인 잭 러셀 테리어는 '악마견'으로 불릴 정도로 활동량이 많다. 크기가 문제가 아니라는 말이다. 또한 보호자가 어떻게 키우느냐에 따라 악마견이 될 수도 있고 착한 개가 될 수도 있다.

몸무게로 구분하기   TIP

분류	몸무게	견종
소형견	10킬로그램 이하	몰티즈, 시추, 요크셔 테리어, 포메라니안, 치와와, 토이 푸들, 닥스훈트, 퍼그, 비숑 프리제 등
중형견	11~25킬로그램	웰시 코기, 미니어처 슈나우저, 잉글리시 코카 스패니얼, 복서, 보더 콜리, 비글 등
대형견	26킬로그램 이상	리트리버, 저먼 셰퍼드, 알래스칸 말라뮤트, 시베리안 허스키, 아프간 하운드, 그레이트 피레니즈 등

체고로 구분하기

T I P

분류	체고
소형견	체고 30센티미터 이하
중형견	체고 70센티미터 이하
대형견	체고 70센티미터 이상

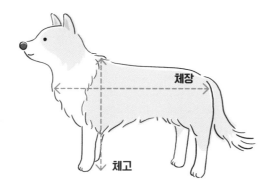

* 체고 바닥에서 어깨뼈까지의 높이
* 체장 앞가슴 끝(흉골)에서 좌골 끝까지의 길이

◇ 소형견

* 공동주택(아파트, 빌라 등)에서 생활하는 사람에게 좋다.

* 먹는 양이 적고 배설물 역시 대형견에 비해 적다.

* 장난이 심한 어린아이가 있는 집에는 적합하지 않다.

* 사룟값, 접종비, 미용비 등의 비용이 적게 든다.

* 중·대형견에 비해 더 오래 산다.

- 단독주택에 살거나 농촌, 집 앞에 큰 마당이 있으면 기르기에 유리하다.

- 운동과 바깥 활동을 좋아하는 사람에게 적합하다.

- 소형견에 비해 먹는 양도 많고 그만큼 배설도 많이 한다.

- 여행이나 이동 시 함께 가기가 쉽지 않다.

- 길들이기와 훈련은 선택이 아닌 필수다.

- 강아지 카페나 운동장 등 입장 제한을 받는 곳이 많다.

❸ 암컷 vs. 수컷

비교적 차분하고 경쟁심이 적은 암컷이 좋을까? 아니면 활달하고 감시자 역할을 잘하는 수컷이 좋을까? 처음 강아지를 입양하고자 하는 사람이라면 이런 고민을 할 것이다. 사실 견종에 따라 손이 더 가고 덜 가는 차이가 있을 뿐, 암컷이나 수컷에 큰 차이는 없다. 다만 이미 강아지를 키우고 있다면 반대의 성별을 선택하는 것이 낫다. 같은 성별보다는 더 잘 지내는 경향이 있기 때문이다. 암컷과 수컷의 특징을 참고하여 자신에게 맞는 강아지를 선택하도록 하자.

◇ 암컷

- 차분하고 경쟁심이 적다.

- 영역 본능과 공격성이 덜하다.

- 반려인의 훈련에 잘 따르는 편이다.

- 1년에 1~2번 발정기가 오고, 2주 정도 지속된다. 생리를 한다.

- 새끼를 낳아서 분양할 수 있다.

- 쭈그려 앉은 채 소변을 본다.

- 자궁축농증, 유방 종양, 방광염 등에 걸릴 수 있다.

◇ 수컷

- 골격이 크고 활달한 편이다.

- 영역 본능이 강하고 지배적인 성향이다. 영역 표시(마킹)를 많이 한다.

- 반려인의 훈련이 명확하지 않으면 쉽게 복종하지 않는다.

- 잘 짖고 감시자 역할을 잘한다.

- 발정 시기가 따로 정해져 있지 않다. 그러나 근처에 발정한 암컷이 있으면 안절부절못한다.

- 한쪽 다리를 들고 소변을 본다.

- 고환암, 항문 주위 선종, 전립선 비대증, 포피염 등에 걸릴 수 있다.

❹ 어린 강아지 vs. 어른 개

아직 어린 강아지를 키울까, 아니면 어른 개를 키울까? 표정이나 행동이 귀엽고 사람을 잘 따르며 자신의 상황에 맞게 훈련을 시키고 싶다면 생후 3~4개월 미만의 어린 강아지를 선택한다. 1살 이상의 어른 개는 훈련이 잘 되어 있다면 집 안 환경에 금세 적응하고 따로 훈련을 시키지 않아도 된다. 그러나 훈련이 안 된 어른 개라면 새로운 환경에 적응하기까지 시간이 걸리고 문제 행동을 보일 여지가 있다.

◇ 어린 강아지

- 귀엽다!

- 새로운 환경에 잘 적응하고 가족 구성원으로 쉽게 받아들여진다.

- 보호자의 상황에 맞게 훈련을 시킬 수 있다.

- 배변, 사회화, 예방접종, 식습관 형성 등 챙겨줄 것이 많다.

- 훈련이 힘들고 시간과 비용이 많이 들 수 있다.

- 강아지가 사고를 치기 전에 집 안을 깨끗이 치워둬야 한다.

◇ 어른 개

- 새로운 환경에 적응하고 가족과 교감하기까지 시간이 걸린다.

- 훈련이 잘 되어 있다면 함께 생활하는 데 별 불편이 없을 것이다.

- 주인의 말을 잘 알아듣고 때로는 친구 이상의 감정을 나누기도 한다.

- 어린 강아지에 비해 면역력이 강하고 잔병치레가 적다.

- 훈련이 제대로 안 되어 있다면 문제 행동을 반복한다.

- 과거의 상처가 있을 수 있어 어린 강아지보다 더 보살핌이 필요하다.

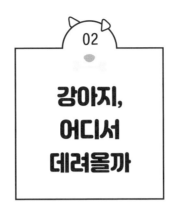

강아지, 어디서 데려올까

내가 키우고 싶은 강아지에 대한 정보를 어느 정도 얻었다면 이제 입양처를 알아보자. 한 조사에 따르면 반려동물을 입양하는 경로는 지인, 애견숍, 유기동물 보호소, 인터넷 순이라고 한다. 어떤 경로를 선택하든 믿을 만한 곳에서 입양을 하고, 입양 후에는 반드시 건강 검진을 해서 유전병이나 기생충 감염 여부 등을 확인해야 한다.

  아직 어떤 강아지를 키우고 싶은지 잘 모르겠다면 애견숍이나 대형마트에 들러보자. 비교적 다양한 강아지들을 살펴볼 수 있고, 필요한 용품도 구입할 수 있다. 반면 키우고 싶은 견종이 있다면 전문 브리더를 찾아가자. 그 강아지가 자라는 환경은 물론 어미개의 상태도 알 수 있다. 지인이나 유기동물 보호소, 가정 분양도 추천할 만하다.

◇ 적절한 입양 시기

어미개의 젖을 먹고 자란 생후 8~10주가량의 강아지를 입양하는 것이 이상적이다. 이런 환경에서 자란 강아지는 대체로 건강하다. 그러나 작고 귀여운 강아지를 선호하는 사람들 때문에 생후 45일도 안 된 강아지가 입양되는 경우도 적지 않은데, 너무 어릴 때부터 어미와 떼어놓으면 사회화나 건강에 문제가 있을 수도 있다.

◇ 생후 8~10주 강아지인지 확인하는 법

이빨을 확인하는 것이 가장 빠른 방법이다. 생후 2개월이 지난 강아지는 앞니, 송곳니, 어금니가 모두 보여야 한다. 앞니와 송곳니만 보이면 생후 4주 이상 된 강아지다. 다만, 가장 뒤에 있는 큰 어금니, 송곳니 뒤의 어금니는 서서히 자라므로 보이지 않아도 된다. 잇몸이 선홍색인지, 치열이 고르고 이빨이 잘 맞물려 있는지도 확인한다.

분양과 입양의 차이   TIP

- **분양**
  일정 금액을 주고 어린 강아지를 데려오는 것

- **입양**
  책임 비용을 주고 유기견 혹은 성견을 데려오는 것

❶ 지인 또는 가정분양

친척이나 친구, 아는 사람에게서 데려오는 경우다. 가장 흔한 강아지 입양 방법이다. 비용이 들지 않거나 저렴한 반면, 자신이 키우고 싶은 강아지를 구하기가 쉽지 않다. 원하는 견종의 강아지를 준다고 하면 가능하면 그 집을 방문해 어미개의 건강 상태와 환경을 살펴본다. 사람이나 강아지 모두 어릴 때의 환경이 성격 형성, 건강에 영향을 미치기 때문이다.

인터넷 카페 등에 올라온 분양 글을 보고 데려오는 가정분양도 있다. 가정분양이라고는 하지만 사업자 형태의 분양일 수 있으므로 주의해야 한다. 가정견을 분양받고자 한다면 직접 그 집을 방문해 어미개와 강아지들의 건강 상태를 확인하고 반드시 계약서를 작성한다. 또한 기본 예방접종, 구충 등의 기록표도 확인한다. 분양자와 입양자가 함께 병원에 가서 강아지에게 혹시 모를 질환이 있는지를 체크해보는 것도 좋다.

❷ 애견숍 또는 대형마트

비교적 쉽게 원하는 강아지를 데려올 수 있다. 어떤 강아지를 키우고 싶은지 결정하지 못했을 때 들르면 도움을 받을 수 있다. 또는 길을 가다 마음에 드는 강아지를 발견하고 충동적으로 입양하게 될 수도 있다.

대형마트 판매장은 대부분 번식을 위해 기르는 어미개에서 태어난 강아지들을 파는 곳이다. 번식장이나 경매장 등을 통해서 들여오는데, 순종이라고 해도 혈통이 의심스럽거나 건강 상태가 엉망인 경우도 있다.

따라서 여러 곳을 둘러본 뒤 믿을 만한 곳을 선택하고, 양육 환경이 좋은지, 예방접종 등 건강관리를 잘하고 있는지, 분양자가 전문 지식이 많은지 등을 꼼꼼하게 확인해야 한다. 강아지 분양(입양) 계약서도 작성한다. 미처 용품을 갖추지 못했다면 이곳에서 같이 구입할 수 있다.

❸ 유기견 보호소

길을 잃었거나 버려진 강아지를 입양하는 것도 방법이다. 지방자치단체나 동물보호단체 등에서 운영하는 동물보호소에는 새로운 가족을 기다리는 유기견이 많다. 가능하면 어리고 예쁜 순종 강아지를 분양받아 키우고 싶겠지만, 상처받은 생명을 내 손으로 따뜻하게 보살펴주면서 느끼는 사랑과 유대감도 그에 못지않다. 또한 보호자를 찾지 못해 안락사되거나 보호소에서 질병으로 삶을 마감하는 많은 유기견을 살리는 길이기도 하다. 지금 강아지를 키울까 고민하고 있다면 사지 말고 입양을 고려해보자. 그리고 유기견의 입양을 생각한다면 먼저 자원봉사를 하면서 마음에 맞는 강아지를 찾거나, 아니면 인터넷으로 미리 마음에 드는 강아지를 찾은 후 직접 가볼 수도 있다.

◇ 입양 방법

• 인터넷으로 미리 유기견 정보를 찾아본 다음 보호소 방문 시간을 예약한다.
• 신분증 복사본과 강아지 입양을 위한 준비물(목줄, 이동장, 목걸이 등)을 구비하고 보호소를 방문해서 계약서를 작성한다.

- 지자체 소속 보호소에서 강아지를 입양할 경우 동물 등록을 해야 한다.

◇ 유기견 입양 비용

- 입양비(책임비)는 5만 원에서 수십만 원까지 다양하다.
- 동물보호법 제19조에 따르면 지자체는 유기동물의 보호 비용을 입양자에게 청구할 수 있다. 하지만 정확한 금액과 범위는 명시되어 있지 않다. '중성화수술'에 동의하는 사람에게 우선으로 분양하고 중성화수술을 권고할 수 있다.
- 이 비용에는 중성화수술비와 예방접종비, 반려견의 위치를 파악할 수 있는 생체 마이크로칩 비용이 포함된다.

◇ 유기견을 입양할 때 고려할 점

- 버림받거나 주인을 잃은 과거 때문에 사람이나 음식, 특정 물건 등에 집착·경계하는 문제 행동을 보일 수 있다.
- 보이지 않던 질병이 입양 후에 나타나는 경우가 있다. 이때 보호소로 되돌려 보낸다면 강아지에게는 큰 마음의 상처가 된다. 입양을 결정할 때는 문제 행동이나 질병 등의 문제가 생길 수 있다는 사실을 고려하자.
- 입양 후에 대소변을 잘 못 가리거나, 특정 사람을 피하거나 공격적인 모습을 보일 수 있다. 이때 화를 내기보다는 따뜻하게 감싸주면서 시간을 두고 지켜보도록 한다.

강아지를 잃어버렸거나 유기견을 입양하고 싶다면

• 동물보호관리시스템
각 지방자치단체에 있는 유기동물 보호소에 대한 정보를 제공하는 사이트다. 전국의 보호소 및 동물병원에서 보호 중인 유기견을 입양할 수 있다. 반려견을 잃었을 때도 이용 가능하다.

• 종합유기견보호센터
실종된 반려견을 등록하면 전단지를 무료로 제공받을 수 있고, 국내 최대 애견 포털과 동물보호관리시스템, 전국 유기견 보호소 등에 관련 정보가 실시간으로 등록된다.

• 한국동물구조관리협회
유기동물 · 야생동물 보호단체. 유기 혹은 구조된 동물의 사진과 구조장소, 특징을 살펴볼 수 있고 입양 신청도 가능하다.

• 네이버 강사모(강아지를 사랑하는 모임) 카페
가입회원이 170만 명이 넘는 대형 강아지 커뮤니티다. 다양한 정보와 질문, 견종별 소모임 등이 있어 초보 보호자에게 많은 도움을 준다.

• 카라, 동물자유연대, 케어 등의 동물보호단체
각 동물보호단체의 홈페이지에서 입양을 기다리는 많은 유기견들의 사진과 사연 등을 접할 수 있다. 단체마다 입양 절차가 다르니 해당 홈페이지에서 확인하고 입양하도록 한다.

• 포인핸드
전국 동물보호센터에서 보호하고 있는 동물에 대한 정보를 공유하는 애플리케이션이다. 유기 동물 입양 및 분실 동물에 대한 정보를 실시간으로 확인할 수 있다.

안드로이드   아이폰

• 각 구청의 일자리경제과, 보건위생과 등

※ QR코드를 스캔하면 해당 홈페이지로 이동합니다.

- ☐ 입소 시의 상태
- ☐ 유기견 보호소에서 머문 기간
- ☐ 질환, 예방접종, 중성화 여부
- ☐ 성격의 특성과 장애 여부
- ☐ 보호소에서 최근 전염병에 걸린 강아지가 있는지 여부

❹ 브리더(전문 견사)

상업적 목적으로 강아지를 대량 사육하는 '강아지 공장'과는 대척점에 있는 분양처다. '브리더(breeder)'는 말 그대로 동물을 전문적으로 사육하는 사람을 가리키는 말로, 부모개를 정하고 강아지를 낳아 분양하고 관리하는 일을 한다. 이렇듯 전문 지식을 바탕으로 좋은 사육 환경에서

➡ **국제공인 혈통증명서**
(한국애견연맹 발행)

강아지를 길러 분양하다 보니 그 강아지를 분양받는 사람들의 만족도도 높은 편이다. 가격은 비싼 편이나 건강한 강아지를 분양받을 수 있고 사후 관리도 해준다. 그러나 정직하지 못한 브리더도 있을 수 있으므로 신중하게 선택해야 한다.

브리더에게 입양을 받기 전에 주요 유전병 검사 여부, 혈통서와 견사호 등록증의 국제 견사호 이름을 대조해보아야 한다. 견사호는 번식자의 고유 기호로, 한국애견연맹 사이트에서 확인 가능하다.

◇ 믿을 수 있는 브리더 선택법

- 대부분의 양심적인 브리더는 소수의 견종만을 다룬다. 만약 여러 종류의 아기 강아지들을 한번에 분양하고 있다면 업자가 아닌지 의심해봐야 한다.
- 좋은 브리더는 강아지가 앞으로 살아갈 환경에도 관심을 갖는다. 따라서 입양 희망자가 어떤 환경에서 어떻게 사는지에 대해서 질문을 던질 것이다.
- 강아지를 한 두 마리 더 데려가라고 계속 권유하는 곳은 피한다.

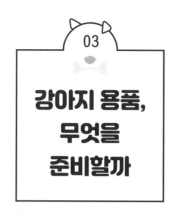

강아지 용품, 무엇을 준비할까

강아지를 입양할 곳을 골랐다면 이제 직접 데리러 가보자. 간혹 강아지를 택배나 퀵으로 받는 경우가 있는데, 그렇게 하면 강아지는 오는 동안 스트레스를 받는 것은 물론 새로운 환경에 적응하는 데도 시간이 걸릴 것이다. 무엇보다 새로운 가족을 맞이하기 위한 좋은 방법은 아니다. 처음 며칠은 신경 써서 보살필 수 있도록 금요일 저녁이나 휴가를 낸 전날에 데려온다. 그리고 이동장(켄넬)이나 담요 등을 꼭 챙겨가서 안전하게 데려오자.

당장 필요한 것들과 나중에 천천히 구입해도 될 용품 목록을 정리했다. 처음부터 모든 용품을 완벽하게 갖출 필요는 없다. 1주일 정도 사용할 만큼의 물건을 우선 준비한 뒤, 필요하면 구입하는 것이 훨씬 합리적이다.

눈

⊙ **GOOD**

눈동자가 초롱초롱하고 촉촉하다. 눈곱이나 눈물 자국이 없다.

⊗ **BAD**

누런 눈곱이 끼거나 결막이 충혈되어 있다. 주변을 제대로 보지 못하고 자꾸 부딪힌다.

코

⊙ **GOOD**

검고 촉촉하며 윤기가 있다.

⊗ **BAD**

대체로 말라 있다. 누런 콧물이나 코피가 난다.

입, 이빨

⊙ **GOOD**

구취가 거의 없고 잇몸은 선홍색을 띤다. 치열이 고르고 앞니, 송곳니, 어금니 등이 모두 나 있다.

⊗ **BAD**

구취가 심하고 잇몸이나 입술, 혀가 부어 있다. 침을 흘리고 혀를 내밀고 있다.

귀

⊙ GOOD

귀지가 없고 귓속에서 냄새가 나지 않는다.
귀가 늘어져 있지 않다.

✖ BAD

귀지나 고름이 있고 악취가 난다. 귀를 자
주 긁고 잘 듣지 못한다.

피부, 털

⊙ GOOD

피부에 비듬이나 각질이 없이 깨끗하다.
죽은 털이 거의 없고 촘촘하게 나 있다.

✖ BAD

비듬이나 각질이 많고 피부가 깨끗하지
않다. 털이 군데군데 빠져 있다.

항문

⊙ GOOD

깨끗하고 냄새가 나지 않는다. 다만, 항
문낭액을 짜면 특유의 악취가 나기도 한
다.

✖ BAD

항문 주변에 설사한 흔적이 있거나 염증
이 있다. 항문을 바닥에 대고 질질 끈다.
배변 활동이 원활하지 못하다.

⊙ GOOD

발바닥 패드가 윤기가 있고 말랑말랑하다. 발톱에 자란 혈관이 길지 않다.

✖ BAD

발바닥 패드가 건조하거나 갈라져 있다. 발을 자주 핥는다.

발바닥, 발톱

1 당장 필요한 용품

❶ 이동장

이동장(켄넬, 크레이트)은 활용도가 높은 용품  이다. 강아지를 집으로 안전하게 데려오기 위 해 꼭 필요한 것은 물론 집에 와서는 하우스로 활용할 수 있고, 배변 훈련을 할 때도 좋다. 강 아지의 크기에 맞는 것을 선택하는데, 강아지가 일어섰을 때 귀가 천장 에 닿지 않고 몸을 한 바퀴 돌릴 수 있으며 뒷다리를 옆으로 뻗고 엎드릴 수 있는 정도가 적당하다.

초보 보호자들이 저지르기 쉬운 실수 중 하나가 '품에 안고 이동하는 것'이다. 품에 안고 이동하다가 자동차 경적 소리에 깜짝 놀라서 품에서 뛰쳐나갈 수 있다. 따라서 이동장을 미리 준비하여 안전하게 데려오도 록 하자. 이동장에 어미개의 체취가 밴 옷이나 담요 등을 넣어두면 이동 시 심리적 안정감을 줄 수 있다.

강아지를 데려올 때는 자동차나 대중교통을 이용한다. 특히 자동차 로 이동할 때는 이동장을 뒷좌석에 두고 움직이지 않게 고정한다. 첫 자 동차 여행이고 먼 거리를 간다면 멀미를 할 수 있으니 차를 타기 몇 시간 전에 식사를 마칠 수 있도록 하고, 만약의 경우에 대비하여 차 시트에 담요나 신문지를 깔아놓는다. 이동 전에 수의사에게 조언을 구하는 것 이 좋다.

케이지(cage), 크레이트(crate)
철망으로 된 개집

켄넬(kennel)
플라스틱으로 되어 있으며
이동하기가 쉬운 개집

펜스(fence)
철망으로 되어 있으나
천장과 바닥이 없는 개집

안전문
방, 목욕탕, 베란다의 입구를
막을 수 있는 울타리

❷ 하우스

사람에게 나만의 공간이 필요하듯이 강아지에게도 편히 쉴 수 있는
자신만의 공간이 있어야 한다. 바로 하우스(집)다. 하우스는 크게 세 종
류로 나눌 수 있는데, 푹신한 방석 형태, 지붕이 있는 돔 형태, 그리고 철
망으로 된 크레이트를 하우스로 사용하는 경우다.

방석만 놓아줄 경우 사방이 트여 있어 편안하게 휴식을 취하지 못하
는 것은 물론 무게가 나가는 강아지가 앉게 되면 금방 솜이 꺼지게 된

다. 반면에 지붕이 있고 플라스틱이나 목재 등으로 된 하우스는 보다 안정감이 있고 내구성도 강하다. 강아지의 몸무게나 실내 공간 등을 고려하여 맞는 집을 골라주도록 한다. 집에 데려와서 하우스에 머물도록 훈련을 시켜주어야 강아지는 이곳에서 밥이나 간식을 먹고 편하게 휴식을 취할 수 있을 것이다.

❸ 밥그릇과 물그릇

밥그릇은 강아지의 크기에 맞는 것을 선택한다. 위치는 바닥보다 조금 높은 곳에 놓아서 강아지가 지나치게 고개를 숙이지 않아도 되도록 한다. 플라스틱, 스테인리스, 세라믹, 도기 등 다양한 재질의 그릇이 시판되고 있으나, 스테인리스나 도기 그릇이 좋다. 집에서 안 쓰는 그릇을 깨끗하게 씻어서 사용해도 된다. 물그릇은 밥그릇보다 2~4배 정도 큰 것을 준비한다. 밥그릇은 강아지가 밥을 먹으면 즉시 치우고 물그릇은 수시로 먹을 수 있도록 두었다가 밤 10시 이후에는 치워서 잠자리에서 소변 실수를 하지 않도록 한다.

❹ 사료와 간식

강아지를 데려올 때 기존에 먹이던 사료를 조금 얻어 온다. 갑자기 사료를 바꾸면 설사나 구토, 알레르기 반응을 일으킬 수 있기 때문이다. 또한 익숙한 사료는 낯선 환경에 대한 불안함을 진정시켜주기도 한다. 그래서 입양 후 한동안은 기존 사료를 먹이는 것이 좋다.

사료를 바꿀 예정이라면 1주일 정도 기존 사료에 섞어 먹이다가 차츰 새로운 사료의 양을 늘린다. 사료는 자견용, 퍼피라고 표기된 것을 사면 된다. 생후 2개월 이하의 강아지는 사료를 물이나 반려동물용 우유에 불려서 준다. 이후 사료를 잘 씹어 먹으면 건식 사료만 먹인다. 그 밖에 통조림 등의 캔사료, 개껌, 비스킷 등을 준비해둔다. 치아가 나면서 간지러우면 이것저것 씹으려 하므로 적당히 말랑한 개껌도 준비한다.

❺ 배변판, 배변 패드

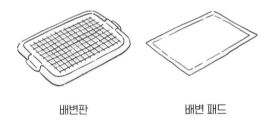

배변판   배변 패드

배변판이나 배변 패드는 입양 초기부터 바로 필요한 용품이다. 강아지는 영역에 대한 인식이 강해서 처음 화장실이라고 인식한 곳에 볼일을 본다. 따라서 집에 데려 오자마자 배변판이나 패드를 화장실로 인식시킨다면 보다 쉽게 배변 교육에 적응할 수 있을 것이다. 배변판이나 패드는 인터넷이나 애견용품점에서 구입할 수 있으며, 크기에 따라 선택이 가능하다. 또 골판지나 택배 박스 등을 이용하여 직접 배변판을 만들어주기도 한다.

2 차차 마련해도 되는 용품

❶ 울타리

강아지에게 낯선 환경에서의 넓은 공간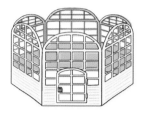
은 공포감과 불안함을 줄 수 있기 때문에
처음에는 울타리를 이용하여 강아지만의
공간을 만들어주는 것이 좋다. 좁은 공간
부터 시작하여 점차 넓혀준다. 배변 교육을 할 때도 유용하게 활용할 수
있다. 울타리는 높이와 넓이가 충분해야 하며, 강아지가 밀어도 움직이
지 않을 정도로 튼튼해야 한다. 시중에서 파는 울타리에는 사각, 육각,
팔각 형태가 있으며, 철제나 목재, 플라스틱 등 재질 또한 다양하다.

❷ 목줄, 가슴줄, 리드줄, 입마개

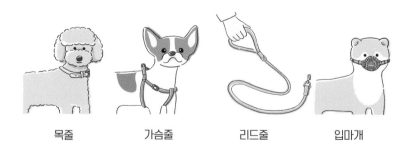

| 목줄 | 가슴줄 | 리드줄 | 입마개 |

강아지와 외출하거나 산책을 할 때 필요하다. 강아지와 사람들의 안
전을 위해 필수적이다.

- **목줄:** 목에 하는 가장 일반적인 줄 형태로, 가죽이나 면, 스테인리스 등 재질이 다양하다. 강아지의 신체 조건과 잘 맞는 것을 고른다. 강아지를 통제할 때 효과적이다.
- **가슴줄:** 가슴을 감싸는 형태로 비교적 어린 강아지나 소형견에게 적합하다. 성장기 강아지는 골격이 계속 자라는 중이므로 잘못 착용하면 골격을 압박하게 되니 주의한다.
- **리드줄:** 목줄이나 가슴줄에 연결하는 줄이다. 강아지의 보폭과 다리 길이를 고려해 잡되 리드줄의 길이는 1~2m가 적당하다.
- **입마개:** 맹견은 외출 시 반드시 입마개를 해야 한다.

❸ 목걸이, 마이크로칩

생후 3개월 이상인 강아지는 의무적으로 동물 등록을 해야 한다. 동물보호관리시스템 사이트에 가면 거주지에서 가까운 등록 대행을 해주는 동물병원을 검색할 수 있다. 등록 방법에는 내장형 무선식별장치 개체 삽입(마이크로칩), 외장형 무선식별장치 부착, 등록 인식표 부착 등이 있다. 강아지를 잃었을 때 이 정보를 이용하여 찾을 수 있다.

❹ 기타

- 샴푸, 빗, 귀 세정제
- 치약, 칫솔
- 장난감, 침구류

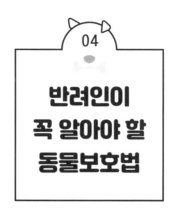

04

반려인이 꼭 알아야 할 동물보호법

반려인이 알아야 할 동물보호법의 내용

강아지를 입양하고 싶다면, 또는 강아지의 보호자가 되었다면 반드시 알고 지켜야 할 동물보호법 속 조항이 있다. 꼭 필요한 조항을 미리 알아 두어 혹여나 과태료를 무는 불상사가 생기지 않도로 유의하자. 2018년 3월 개정하고 2018년 9월부터 시행된 동물보호법의 내용을 알아보자.

◇ 동물 학대는 더욱 강하게 처벌한다

원래 동물보호법에서는 동물을 직접적으로 죽이는 행위만을 처벌했는데, 이제는 '죽음에 이르게 하는 행위', '신체적 고통을 주거나 상해를 입히는 행위' 모두를 동물 학대 행위로 명시하여 보호의 범위가 넓어졌다. 처벌 수위도 1년 이하의 징역 또는 1,000만 원 이하 벌금에서 2년

이하의 징역 또는 2,000만 원 이하의 벌금으로 증가했다.

◇ 맹견 관리 의무가 강화된다

맹견의 공격을 받아 사람이 사망할 경우 반려인은 3년 이하 징역 또는 3,000만 원 이하의 벌금을 물게 된다. 사람이 상해를 입는 경우에도 2년 이하의 징역 또는 2,000만 원 이하의 벌금에 처할 수 있도록 했다.

또한 맹견 반려인의 관리 의무를 대폭 강화했다. 반려인은 정기적으로 관리 교육을 받아야 하고, 외출 시 맹견에게 목줄을 하고 입마개를 씌워야 한다. 이를 어길 때는 300만 원 이하의 과태료를 물게 된다.

◇ 실험동물을 입양할 수 있다

실험동물에 대한 보호 정책도 강화됐다. 오는 6월 시행을 앞둔 실험동물법 개정안은 무등록 실험동물 공급업자들의 동물 공급을 금지했다. 또 실험동물운영위원회 설치와 의무 위반 시 200만 원 이하의 과태료를 부과하도록 했다. 동물 실험이 끝난 이후 정상적으로 회복된 동물

맹견에 해당하는 견종

TIP

동물보호법 제2조제3호의2에 따른 맹견(猛犬)의 종류는 다음과 같다.
- 도사견
- 아메리칸 핏불 테리어
- 아메리칸 스태퍼드셔 테리어
- 스태퍼드셔 불 테리어
- 로트와일러

을 일반인에게 분양하거나 기증할 수 있도록 했다.

◇ 동물 생산업을 허가제로 전환한다

동물 생산업이 신고제에서 허가제로 전환된다. 지자체의 허가를 받지 않고 동물생산업을 할 경우 벌금이 기존의 5배인 500만 원으로 상향 조정됐다. 지자체의 허가를 받으려면 기준에 맞는 시설과 인력을 갖춰야 한다. 그 밖에 동물전시업(동물카페), 위탁관리업(호텔, 유치원 등), 미용업, 운송업(동물택시) 등도 지자체의 허가를 받아야 한다. 이로써 '불법 강아지 공장'도 줄어들 것이다.

◇ 펫티켓 위반 신고가 가능하다

반려동물을 등록하지 않거나 인식표를 부착하지 않고, 목줄을 하지 않은 채 산책하고, 배설물을 수거하지 않을 때는 신고가 가능하며, 포상금도 받을 수 있다('펫티켓 위반 시 벌금'에 대해서는 149페이지 참조).

그 밖에 동물을 경품으로 걸거나 제공하는 일, 영리를 목적으로 대여하는 행위도 금지된다. 만약 이를 어길 경우 300만 원 이하의 벌금을 물게 된다. 동물을 유기해도 300만 원 이하의 과태료를 내야 한다.

강아지가
집에 온 첫날

01

인사하기

드디어 강아지가 집에 왔다. 가족들은 반가운 마음에 강아지를 서로 안아보려 한다. 그러나 강아지에게는 이 모든 상황이 낯설다. 심지어 두렵기까지 하다. 강아지에게 낯선 환경과 사람들에게 적응할 시간을 줘야 한다. 어떻게 하면 강아지가 첫날을 잘 보내고 순조롭게 가족 구성원이 될 수 있을지 구체적으로 살펴보자.

1 강아지가 왔다!

강아지를 맞이하기 위해서는 미리 준비를 해야 한다. 강아지가 다치지 않게 집 안 가구나 물건들을 정리하고, 강아지가 들어가면 안 되는 곳은 문을 꼭 닫아둔다. 강아지는 원래 굴에서 생활하던 동물이라서 좁고 어두컴컴한 곳을 좋아한다. 따라서 방이나 거실 구석 등 조용하고 따뜻한 곳에 거처를 마련한다. 이 거처에 울타리(펜스)를 설치하고 그 안에 신선한 물을 담은 그릇과 밥그릇, 배변 패드와 배변판 등을 놓아둔다. 밥그릇과 배변 패드나 배변판의 위치는 가능하면 멀리 떨어뜨려놓는다.

강아지를 데려오자마자 가족들이 서로 안으려 하거나 지나치게 관심을 갖는다면 강아지가 놀라거나 겁을 먹을 수 있다. 한동안은 조용히 지켜보는 것이 바람직하다.

집에 오면 강아지를 이동장에 둔 채로 울타리 안에 내려놓는다. 적응이 되면 쿵쿵거리며 주변 냄새를 맡고 조심스럽게 이동장 밖으로 나올 것이다. 집 안을 이리저리 탐색하고 사람에게도 다가와 관심을 보일 때 다가가도록 하자. 식사는 집에 온 지 2시간쯤 지난 후에 주는 것이 좋은데, 장시간 자동차를 타고 왔다면 멀미 기운이 남아 토할 수도 있기 때문이다. 만약 유기견이고 사람에 대한 좋지 않은 기억을 갖고 있다면 새로운 환경에 적응하는 데 시간이 더 걸릴 수 있으니 애정을 갖고 기다려주고, 산책을 하거나 좋아하는 간식을 주면서 과거의 경험에서 벗어나도록 도와준다.

◇ 어린 강아지에게 좋은 보금자리

- **울타리:** 아직 배변 훈련이 안 된 강아지에게 유용하다. 켄넬에서는 밥과 물을 먹도록 하고, 주위에 화장실을 두어 대소변을 보게 한다. 그러나 성견은

울타리가 아무리 넓어도 스트레스를 받을 수 있다.

- **켄넬, 크레이트:** 집으로 활용 가능하고, 배변 훈련을 할 때도 유용하다. 그러나 장시간 가둬두거나 벌을 주거나 야단을 치는 공간으로 인식하게 해서는 안 된다.
- **전용 침대, 쿠션:** 자신의 냄새가 밴 침대나 쿠션은 강아지에게 가장 안심할 수 있는 장소다.
- **개집:** 마당에서 기른다면 가족의 목소리나 모습을 확인할 수 있는 장소에 놓아둔다.

◇ 보금자리로 피해야 할 장소

- 사람이 드나드는 문 옆이나 출입구 근처
- TV나 스피커 등 큰 소리가 나는 곳
- 직사광선이나 에어컨 바람이 직접 닿는 곳
- 소파나 책상 위처럼 강아지가 내려다볼 수 있는 높은 곳

강아지를 처음 집으로 데려올 때

- 이동장(켄넬)에 넣어서 데려온다.
- 어미개의 체취가 밴 담요, 장난감을 얻어 온다.
- 기존에 먹던 사료를 조금 얻거나 사료 이름을 적어 온다.
- 금요일 저녁이나 휴가를 낸 전날에 데려와 함께 오래 시간을 보낸다.
- 다른 반려동물이 있다면 집에 데려가기 전 동물병원에서 간단한 검사를 한다.
  - 어른 개 : 항체 검사를 해서 예방접종이 제대로 됐는지 확인한다.
  - 어린 강아지 : 간단한 신체검사와 문진을 한다.

　강아지가 울타리 공간에 어느 정도 적응했다면 이제 인사를 해보자. 한 사람씩 울타리 안으로 들어가서 옆모습을 보인 채 가만히 기다려준다. 강아지가 다가오면 주먹을 강아지의 코보다 약간 아래쪽으로 천천히 내밀어 냄새를 맡게 한다. 그런 다음 강아지의 아래턱을 부드럽게 쓰다듬어준다. 이때 억지로 안거나 갑자기 일어나는 행동을 해서 강아지를 놀라게 해서는 안 된다. 인사하는 시간은 5분 정도가 적당하다.

　가족들이 한 사람씩 강아지와 인사를 했고 울타리에도 어느 정도 적응이 되었다면 울타리 밖으로 나오게 해서 집을 돌아보게 한다. 거실을 시작으로 서서히 둘러보는 영역을 넓혀간다. 곳곳에 사료나 간식을 놓아두면 강아지는 먹이를 따라 돌아다니면서 자연스럽게 집의 구조와 냄

강아지가 만지면 좋아하는 부위, 싫어하는 부위　　ᵀ ᴵ ᴾ

싫어요!
코, 입 주변

좋아요!
등

좋아요!
귀, 턱 밑

싫어요!
꼬리

좋아요!
가슴

싫어요!
발

새에 익숙해질 것이다. 이 훈련은 하루에 4~5번 하고, 한 번에 5분 정도가 적당하다.

◇ 강아지를 안전하게 안는 법

1. 한 손을 강아지의 가슴
   아래쪽으로 넣는다.

2. 다른 손으로 엉덩이
   아래쪽을 감싼다.

3. 그대로 강아지를 천
   천히 안아 올린다.

강아지를 안을 때는 사람도 같이 몸을 낮춘 상태에서 안은 뒤 몸을 일으키는 것이 좋다. 또한 아직 친해지지 않은 상태라면 잠시 놀아주거나 간식을 줘서 친근감을 형성한 다음 안는다. 이때 강아지의 앞다리만 잡은 채 들어 올리면 어깨나 다리 관절을 다칠 수 있으므로 주의한다. 엉덩이를 받친 뒤 안아 올리는 습관을 들여야 한다. 중형견부터는 반드시 엉덩이를 받치고 다른 손으로 앞다리를 감싼 뒤 안아서 들고, 대형견은 두 사람 이상이 같이 들면 좋다. 혼자라면 한 손으로는 앞가슴과 앞다리를 감싸 안듯이 위치시키고 나머지 한 손으로 엉덩이를 감싸 안은 뒤 들어 올린다.

3 아이와 인사하기

집에 어린 아이가 있다면 강아지와의 만남에 더욱 신경을 써야 한다. 아이가 생활하는 공간과 강아지가 지내게 될 공간은 가능한 한 먼 곳에 마련한다. 그리고 강아지가 새로운 환경에 익숙해진 다음에 아이와 만나게 한다. 그때도 아이와 강아지 둘만 있게 해서는 안 된다. 아이가 강아지를 보자마자 만지거나 안게 해서도 안 된다. 아이가 소리 지르고 만지는 행동은 강아지에게는 큰 스트레스가 될 것이고 그로 인해 강아지가 돌발 행동을 할 수도 있기 때문이다. 처음에는 가볍게 인사하게만 한다. 아이와 처음 만날 때는 강아지에게 목줄을 해주는 것이 좋고 간식을 미리 준비했다가 강아지의 흥분도가 높아지면 간식을 준다.

❶ 임신 중일 때

- 미리 울타리 훈련을 시작한다. 이 훈련은 엄마가 아기를 안아줄 때, 젖을 먹일 때, 아기를 안아 옮길 때 강아지가 공격하지 않게 하는 데 필요하다.
- 강아지가 임산부의 배 위로 뛰어오르지 않도록 훈련을 시킨다.
- 임산부가 평소에 강아지에게 밥을 주고 산책을 담당했다면 그 역할을 서서히 다른 사람으로 바꾼다.
- 동물병원에서 강아지의 예방 접종 상태, 구충 여부, 치아 상태를 점검하고, 강아지가 머무는 공간을 자주 청소한다.
- 평소에 심하게 물건을 물거나 씹는 버릇이 있다면 전문가의 도움을 받아

서 바로잡아준다.

- 출산 시 강아지를 맡아줄 사람이나 애견호텔, 펫시터 등을 알아두고, 미리 조금씩 적응하게 해준다.

❷ 아기가 태어났을 때

- 강아지를 잠시 애견호텔이나 펫시터에게 보낸다. 아기가 어느 정도 집 안 환경에 적응하면 강아지를 데려와 지내게 했다가 다시 보낸다. 그 시간을 점차 늘린다. 마지막으로 강아지가 집에 오면 서서히 아기와 만나게 한다.
- 아기가 쓰던 담요나 옷의 냄새를 미리 맡게 한 다음 만나게 한다. 이때 강아지가 지나치게 반응하지 않으면 칭찬하고 간식을 준다. 절대 아기 앞에서 혼내거나 소리 지르지 않는다.
- 어린아이가 있는 집은 울타리 훈련을 추천한다. 아기가 다섯 살이 될 때까지는 강아지를 울타리 안에서 지내게 하는 것이 좋다.

❖ 4 다른 반려동물과 인사하기

❶ 다른 강아지와 인사하기

이미 강아지를 키우고 있다면 새로운 강아지를 입양할 때 신경을 써야 한다. 강아지는 인간과의 유대감을 중요하게 생각한다. 집 안의 유일한 반려동물로서 사랑을 독차지하다가 갑자기 같은 종의 경쟁자가 나

강아지끼리 만날 때 집 안에서도 목줄을 하고 울타리를 사이에 두고 만나게 한다.

타나고, 그 경쟁자에게 가족들의 관심이 집중된다면 어떻게 될까? 분명 강아지는 자신의 자리를 되찾기 위해 그 경쟁자를 질투하고 싸움도 걸 것이다. 그런 일이 생기기 전에 강아지들에게 자리를 정해주고 사이좋게 지내도록 신경 써야 한다.

처음 만나게 할 때 기존 강아지에게 익숙한 집 안이나 자주 가는 공원보다는 평소 잘 가지 않는 바깥에서 만나게 한다. 익숙한 곳은 자신의 영역이라 생각하고 새로 온 강아지에게 공격성을 보일 수도 있기 때문이다. 집 안에서도 처음에는 켄넬이나 울타리를 사이에 두고 만나게 한다. 이때 목줄을 해주는 게 안전하다. 시간이 흐르면 강아지들을 산책시키면서 서로 으르렁거리지 않거나 흥미를 보일 때 만나게 해준다.

새로운 강아지를 입양하기 전에 기존 강아지와 잘 어울릴 수 있을지를 먼저 고민해야 한다. 성격과 활동량, 나이, 성별 등을 따져보는 것이다. 같은 성별보다는 서로 성별이 다른 경우, 한쪽이 어린 경우에 더 쉽게 적응한다.

❷ 고양이와 인사하기

강아지와 고양이는 정말로 앙숙일까? 이미 고양이를 키우고 있는데 강아지를 입양하거나 그 반대의 경우에 한 번쯤 이런 고민을 해봤을 것이다. 강아지와 고양이는 습성부터 의사표현 방법까지 매우 다르다. 이런 차이를 이해하지 못하고 무작정 한 공간에서 지내게 하면 서로 스트레스를 받아 정말 앙숙이 될 수도 있다. 어떻게 하면 각자의 영역도 지키면서 평화로운 관계 맺기를 할 수 있을까?

◇ 서로 다른 언어를 이해한다

강아지가 낮게 으르렁거리는 것은 위협과 경계의 표시지만 고양이가 그르렁거리는 것은 친근함과 편안함의 표시다. 강아지가 꼬리를 흔드는 것은 기쁨이나 즐거움의 표현이지만 고양이가 꼬리를 내린 채 세게 흔드는 것은 불쾌함이나 두려움의 표출인 경우가 많다. 또 강아지는 엉덩이에 코를 들이밀고 냄새를 맡는 것으로 상대를 파악하지만 고양이는 친하지 않은 상대가 이런 행동을 하면 굉장히 무례하게 받아들인다. 보호자는 이렇게 서로 다른 강아지와 고양이의 언어를 먼저 알아야 한다.

◇ 천천히 만나게 한다

두 동물이 잘 지내는 가장 좋은 방법은 어릴 때부터 함께 키우는 것이다. 그러나 다 자란 고양이가 있는데 어린 강아지를 들이거나 그 반대의 경우라면 첫 대면을 잘해야 한다. 처음에는 얼굴만 잠깐 보게 한 후 서로 다른 공간에서 일주일 이상 지내도록 하고, 차츰 대면 시간과 횟수를 늘려간다. 서로 인사를 마친 후에는 칭찬과 간식으로 보상을 한다.

◇ 영역을 분리해준다

대부분의 강아지는 호기심이 강하고 활동량도 많아서 잠시도 가만있지 않는다. 반면에 고양이는 좁은 공간이라도 먹고 자고 배변 활동을 하는 데 문제가 없으면 만족한다. 따라서 강아지와 고양이가 평화롭게 지내는 가장 좋은 방법은 서로의 영역을 분리해주는 것이다. 강아지가 접근하지 못하게 고양이를 위한 캣타워를 설치해주고, 밥그릇과 화장실 위치도 분리한다.

◇ 강아지와 고양이를 공평하게 대한다

보호자가 어떻게 하느냐에 따라 강아지와 고양이는 가까운 친구가 될 수도 있고, 적이 될 수도 있다. 애정과 관심, 그리고 간식 등을 공평하게 나누어주어야 함을 명심하자. 특히 싸움이 일어났을 때 어느 한쪽 편을 들지 않도록 한다. 수시로 물거나 할퀴면서 장난을 하는 강아지와 고양이를 위해 미리 발톱을 깎아준다.

5 첫날밤 잘 보내기

강아지를 데려온 흥분이 채 가라앉지 않았는데 밤이 되었다. 낯선 환경에서 우리 강아지는 잘 잘까? 혹시 어미를 찾으며 울지는 않을까?

켄넬 안에 부드러운 담요나 어미개의 체취가 밴 물건을 깔고, 장난감이나 이갈이를 위한 개껌 등도 넣어두었다면 잠자리 준비는 다 되었다. 이렇게 잠을 자기에 적합한 환경을 마련해주었는데도 강아지가 밤새 낑낑거린다면 대부분 안타까운 마음에 강아지를 켄넬에서 꺼내 안아주거나 침대로 데려와 재운다. 이것은 좋지 못한 행동이다. 한 번 그렇게 하면 강아지는 관심을 끌고 싶을 때마다 계속 울거나 짖게 될 것이다. 시간이 흘러도 강아지가 계속 울면 켄넬을 방 안으로 옮겨서 침대 가까이 두는 것은 괜찮다. 아직 어린 강아지라면 처음 며칠은 침대에서 재워도 된다. 그러나 며칠이 몇 달이 되고 그게 습관이 된다면 문제 행동의 원인이 될 수 있으므로 주의해야 한다.

입양 후 짧게는 며칠, 길게는 2주가량 강아지가 새로운 환경에 적응하고 잠도 푹 잘 수 있도록 세심하게 보살펴준다.

◇ 낮에는 선잠, 밤에는 숙면

강아지는 생후 3~4개월까지 하루 대부분의 시간을 먹고 잔다. 30분에서 2시간가량을 자다가 일어나 밥을 먹고 대소변을 보고 놀다가 다시 잔다. 강아지가 너무 많이 잔다고 놀라지 말라는 말이다. 강아지가 충분히 잘 수 있게 해주어야 몸이 쑥쑥 자라고 면역력을 키울 수 있다. 강아지가 자고 있을 때 일부러 깨우지 않도록 하고, 일어났을 때 많이 놀아주어 숙면을 취하도록 돕는다. 어린 강아지는 평균 16~18시간을 자고, 성견은 12시간가량을 잔다. 낮에는 선잠을 자고, 밤에는 숙면을 취한다. 따라서 밤에 푹 잘 수 있도록 해주어야 건강하게 지낼 수 있다.

◇ 강아지의 잠꼬대

강아지가 잠을 자면서 갑자기 끙끙대며 짖거나 으르렁거리고, 발을 들어 달리는 자세를 취하고, 경련을 일으키듯 온몸을 들썩이고, 앞발로 땅을 파는 시늉을 한다. 꿈을 꾸고 잠꼬대를 하는 것이다. 깊은 잠에 빠지는 렘수면 상태에 들어가면 동물도 인간처럼 꿈을 꾼다. 잠꼬대 횟수는 강아지마다 다르다. 잠꼬대는 자연스러운 뇌의 활동이므로 크게 걱정할 필요가 없지만, 힘들어하면 가볍게 쓰다듬어준다. 그러나 잠꼬대를 몇 분 이상 계속하거나 행동이 지나쳐 보이면 이를 동영상으로 촬영하고 병원을 찾는 것이 좋다.

◇ 사람과 강아지는 수면 패턴이 다르다

강아지를 침대에서 재우는 것이 좋지 않은 것은 문제 행동을 예방하기 위한 차원도 있지만, 서로 수면 시간이나 패턴이 다르기 때문이다. 아직 어린 강아지는 자면서 소변을 보기도 하고 자주 깨어난다. 따라서 침대에서 함께 자면 강아지도 보호자도 푹 자기 어렵다.

6 부르기 쉽고 예쁜 이름 짓기

❶ 이름은 두 글자 이내로 짧게

강아지에게 이름을 지어주는 것도 꼭 해야 할 일 중 하나다. 이름은 강아지가 알아듣기 쉽게 두 글자 이내로 짧게 짓는 것이 좋다. 또한 특정 자음에 민감하게 반응하는 강아지들의 특성을 이용하는 것도 방법이다. 강아지들은 이 사이에서 새는 소리나 된소리에 예민하게 반응하고 잘 기억한다. 이런 소리들은 일상생활에서 자주 접하지 못하기 때문이다. 그 예로 'ㅅ', 'ㅈ', 'ㅋ', 'ㅌ', 'ㅎ' 등이나 'ㄲ', 'ㄸ', 'ㅆ', 'ㅉ', 'ㅃ' 등의 된소리가 있다.

반대로 강아지들은 'ㄴ', 'ㄹ', 'ㅁ', 'ㅇ' 등 부드러운 소리를 비교적 잘 기억하지 못한다. 실제로 훈련소에서 지내는 강아지들의 이름은 '두리'나 '아리' 등 둥근 느낌보다는 '벤츠'나 '마세', '라티' 등 자동차 이름을 따는 일이 많다. 자동차는 견고하고 강한 이미지를 위해 상대적으로 딱딱한 이름을 주로 사용하기 때문이다.

이렇게 해서 이름 후보군이 정해졌다면, 며칠간 이름 부르기 테스트를 해본다. 그중에서 강아지가 가장 잘 반응하는 이름으로 고른다.

❷ 가족이나 다른 반려동물의 이름과 겹치지 않게

이름이 '송이'인 강아지에게 "손"이라는 단어를 훈련시키면 이 강아지는 이름과 훈련어 사이에서 혼란스러워할 수 있다. 강아지에게 이름을 지어줄 때는 훈련어와 겹치지 않게 한다. 또한 함께 키우는 반려동물이나 가족 이름과도 겹치지 않는 것이 좋다. 반려동물을 두 마리 기른다면 '둥이'와 '동이'보다는 '둥이'와 '당당이'가 낫다.

기존 이름으로 불리던 강아지를 새 식구로 맞이하게 됐을 때는 가능하면 그 이름을 그대로 사용한다. 굳이 이름을 바꿔주고 싶다면 비슷한 모음 구조를 가진 이름을 선택한다. 강아지의 원래 이름이 '바니'라면, '보니'보다는 '아리'에, '핑키'라면 '포키'보다는 '밍키'라는 이름에 더 쉽게 적응한다.

그리고 강아지의 이름을 부를 때는 긍정적인 맥락에서 불러주어야 한다. 그래야 자신의 이름을 긍정적으로 인식한다. 또 신나게 높은 톤으로 불러주고, 불러서 왔을 때는 칭찬이나 간식 등으로 반드시 보상을 해준다.

입양 첫날 해야 할 일

1. 집이 조용할 때 데려오고, 강아지가 놀라지 않게 가족을 한 사람씩 소개한다.
2. 성격이 활달한 강아지도 있고 소심한 강아지도 있으므로 그에 맞게 배려해준다.
3. 낯선 환경이나 이동 스트레스 때문에 자주 배설을 할 수 있으므로 미리 화장실을 준비해두고 집에 오면 화장실로 데려가 볼일을 보도록 유도한다.
4. 신선한 물을 준비해서 자주 마시도록 한다.
5. 입양 첫날은 목욕을 시키지 않는다. 만약 냄새가 난다면 수건에 따뜻한 물을 적셔 항문과 발바닥, 귀 부분을 부드럽게 닦아준다. 스트레스를 받은 상태에서 목욕까지 시키면 면역력 저하로 스트레스성 설사를 할 수 있다.

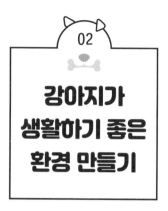

02

강아지가 생활하기 좋은 환경 만들기

강아지를 집에 데려오기 전에 해야 할 중요한 일이 또 하나 있다. 바로 강아지에게 안전하며 사람에게 불편하지 않은 실내 환경을 마련하는 것이다. 어린 강아지의 눈에 우리 인간 세상이 어떻게 보이는지 알고 싶다면 무릎을 바닥에 대고 천천히 기어보자. 어떤 모습이 보이는가? 얼핏 깨끗한 것 같아도 소파 밑 먼지, 책상 뒤의 어지럽게 얽힌 전선, 바닥에 놓인 크고 작은 물건 등 강아지의 안전에 위협이 될 만한 것들로 넘쳐난다. 강아지를 입양하기 전에 위험한 곳은 어디이고 어떻게 손을 봐야 하는지 등을 미리 점검하자.

❶ 거실과 침실

• 마룻바닥

바닥이 미끄러우면 관절에 무리가 가고 슬개골 탈구 등의 질환에 걸릴 수 있다. 바닥에 카펫이나 미끄럼 방지 매트를 깔아준다.

• 소파, 의자

어린 강아지는 소파나 의자 등 높은 곳에서 뛰어내리다가 골절상을 입을 수 있다. 소파나 의자에 올라가지 못하게 하고, 만약의 경우를 대비하여 계단이나 경사로를 만들어준다.

• 창문

창밖으로 지나다니는 사람의 기척이나 바람에 흔들리는 나무에 신경

쓰거나 큰 소리에 깜짝 놀라기도 한다. 커튼을 쳐서 외부의 소음을 차단하고 창에서 먼 곳에 하우스를 놓아둔다.

• 전선

전선이나 콘센트, 멀티탭도 위험하다. 강아지가 전선을 깨물지 못하도록 안 보이는 곳에 두거나 덮개를 씌워놓는다. 블라인드나 커튼에 달려 있는 끈도 갖고 놀지 못하도록 치우거나 높이 묶어둔다.

• 옷장, 서랍장

바닥에 널브러진 옷이나 물건은 옷장이나 서랍장에 넣는다. 보호자의 냄새가 밴 옷, 양말은 강아지에게 좋은 장난감이 되지만, 물어뜯었다가 삼킬 경우 질식의 위험이 있다. 의류를 보관할 때 쓰는 좀약도 강아지가

먹을 경우 치명적이므로 주의해야 한다.

· 난방기구

화상을 입지 않도록 난방기구 주변에는 펜스를 설치하고 사용하지 않을 때는 치워둔다. 전기장판 위에 오래 있으면 저온 화상을 입거나 피부 질환에 걸릴 수 있으니 주의하고, 담요나 이불을 한 번 더 깔아서 사용하는 것이 좋다.

· 전등

집 안의 전등을 LED로 바꾼다. 일반 형광등에서는 플리커 현상(조명이 미세하게 깜빡거리는 현상)이 발생하는데, 강아지의 시력에 좋지 않은 것은 물론 스트레스를 준다. 가능하면 플리커 프리 제품을 고른다.

· 실내 습도

겨울에는 난방을 사용해 건조해지기 쉬우므로 가습기나 젖은 빨래, 젖은 수건 등을 이용하여 습도 유지에 신경을 쓴다. 여름에는 덥고 습한 환경으로 인해 피부 질환이 발생할 수 있으므로 20~25도로 실내 온도를 유지하고 습해지지 않도록 한다. 겨울에서 봄으로, 여름으로 가을로 계절이 바뀌는 환절기에는 호흡기 질환에 유의해야 한다. 강아지가 기침, 콧물, 발열이 있거나 설사, 구토와 같은 증상을 보인다면 병원을 찾도록 한다.

❷ 부엌과 욕실

• 조리대

조리 중에는 강아지가 싱크대에 올라오지 못하게 한다. 냄새의 유혹
에 못 이겨 싱크대에 뛰어올랐다가 화상을 입을 수도 있기 때문이다. 싱
크대 하단이나 냉장고 뒤 같은 좁은 공간도 들어가지 못하게 막아둔다.

• 쓰레기통

강아지의 후각을 자극하는 쓰레기통은 보물창고나 다름없다. 뚜껑이
달린 튼튼한 쓰레기통을 준비해서 강아지가 내용물을 꺼내지 못하도록
한다.

- **식탁**

식탁 위에 재떨이나 초콜릿 등을 두지 않는다. 만약 식탁에 음식을 두더라도 반드시 뚜껑이 있는 그릇에 보관한다.

- **화장실, 욕실**

화장실 변기 물을 먹는 강아지가 의외로 많다. 소독제가 든 변기 물을 마실 경우 위험하기 때문에 변기 뚜껑은 항상 닫아놓는다.

- **화장지**

두루마리 화장지는 강아지가 갖고 놀기 좋은 장난감이다. 가능하면 강아지의 눈에 띄지 않는 곳에 둔다.

• 샴푸, 세제류

샴푸나 세제류도 강아지에게 매우 위험하다. 강아지가 닿을 수 없는 높은 선반이나 수납장 등에 보관하고 닫아 놓는다. 면도기, 헤어드라이어도 위험하므로 치우거나 높은 곳에 둔다.

❸ 식물

아마릴리스, 철쭉, 안개꽃, 베고니아, 카네이션, 시클라멘, 수선화, 백합, 서양 협죽도, 튤립 등의 식물에는 독성이 있어 강아지가 먹으면 호흡 장애, 구토 및 설사, 침 흘림 등의 증상을 보인다. 따라서 집 안에서는 물론 산책을 할 때 강아지가 이들 식물 가까이 가지 못하도록 한다.

❹ 기타

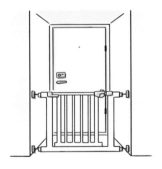

• 현관문에 안전문을 설치하여 강아지가 갑자기 뛰쳐나가지 못하도록 한다.

• 베란다에 철망을 설치하여 추락 사고를 방지한다.

• 사람이 먹는 감기약을 비롯하여 아스피린, 니코틴 등의 약품은 반드시 치

워야 한다.

- 자동차 부동액은 달콤한 냄새 때문에 강아지가 좋아한다. 소량만 섭취해

  도 치명적일 수 있으니 조심해야 한다.

03

강아지의 의식주 돌보기

강아지에게도 가족들에게도 길었던 첫날밤이 지났다. 아마도 활달하고 적응력이 빠른 강아지라면 첫날부터 집 안 여기저기를 냄새 맡으며 돌아다녔을 것이고, 밤도 무사히 보냈을 것이다. 그러나 대부분의 강아지는 낯선 곳에서 좀처럼 잠을 이루지 못했을 것이다.

첫날을 어떻게 보내느냐에 따라 이후 강아지와 가족들의 삶에 큰 영향을 미친다. 식사와 배변, 목욕 등 입양 후 첫날부터 일주일 동안 할 일들을 살펴보자. 식사도 주고 배변도 하게 하면서 강아지의 성격은 물론 어떤 훈련이 더 필요한지도 파악해보자. 그리고 어느 정도 적응 기간이 지나면 앞으로 함께 살아가기 위한 예절 훈련도 시작해보자.

1 사료와 간식과 물

강아지에게도 이별은 큰 스트레스 중 하나다. 그동안 어미개의 품에서 형제들과 함께 자라던 어린 강아지라면 이별에 따른 상실감이 클 것이다. 어미 품을 떠난 스트레스로 인해 면역력이 떨어지고 위장 장애 등 질병에 걸리기 쉽다. 따라서 강아지가 새로운 환경에 잘 적응할 수 있도록 신경을 써주어야 하는데, 이때 잘 챙겨주어야 할 것 중 하나가 사료다. 잘 아는 수의사나 강아지를 키우는 지인의 조언으로 미리 영양가 높고 값비싼 사료를 사두었더라도 한동안은 본래 강아지가 먹던 사료를 주는 것이 좋다. 어느 정도 적응이 되면 새로운 사료를 섞어 먹이면서 새 사료의 양을 늘린다. 갑자기 사료를 바꾸면 구토나 설사를 할 수 있으므로 주의한다. 신선한 물을 제때 주는 것도 중요하다.

❶ 사료

강아지가 집에 오면 물을 충분히 준비해두고 언제든지 먹을 수 있게 한다. 그리고 사료는 첫날에는 이동 스트레스로 먹지 못할 수도 있으므로 집에 온 지 2시간 지난 후에 준다. 이때 사료는 예전에 먹던 것을 그대로 주는 것이 좋다. 처음에는 먹던 양의 1/3을 주고, 다음에는 먹던 양의 2/3, 하루가 지나면 필요한 양만큼 준다. 아직 어린 강아지라면 사료를 물이나 강아지용 우유에 불려서 먹인다. 특히 어린 강아지는 과식하면 쉽게 설사하기 때문에 처음부터 많은 양을 주지 않도록 한다.

매일 같은 시간에 같은 양을 주는 것이 중요하다. 규칙적으로 식사를 제공하면 강아지는 새로운 환경에 보다 쉽게 적응하고 언제나 식사가 제공된다는 것에 안심하며, 가장 큰 과제라고 할 수 있는 배변 훈련을 하는 데도 도움이 된다. 사료는 나이, 체중, 활동 정도 등에 따라 다르게 주고, 하루에 필요한 양은 사료 포장지에 표기된 것을 참고하여 준다. 만약 강아지의 몸집을 더 키우고 싶지 않거나 살을 빼기 위해서 갑자기 사료의 양을 줄이면 저혈당 쇼크나 빈혈이 올 수도 있으므로 주의한다.

사료에는 크게 건식 사료와 습식 사료가 있는데, 이 두 가지를 골고루 먹이는 것이 좋다. 대부분의 강아지는 냄새가 강한 습식 사료를 좋아하지만, 영양의 균형을 맞추고 이빨과 턱을 단련시키려면 건식 사료를 함께 주도록 한다. 또는 강아지의 건강을 생각해서 생식을 먹이거나 자연식을 직접 만들어 먹일 수도 있다. 사료의 종류와 선택법, 열량 계산법 등의 상세한 내용은 Part3의 '건강의 시작, 먹이기'를 참조한다(94~110페이지).

◇ 사료의 구분

분류 기준	분류명
연령별	퍼피(자견용), 어덜트(성견용), 시니어(노령견용)
크기별	스몰바이트, 미디움바이트, 라지바이트
용도와 기능별	임신&수유용, 피부병용, 습식 사료 등

◇ 연령별 급여량

• 3개월 이하

어린 강아지의 식사는 어미개에게 맡긴다. 건강한 어미개의 모유는 영양가가 높을 뿐만 아니라 질병에 대한 모체 이행 항체가 함유되어 있다. 모유를 먹은 새끼 강아지는 건강하게 쑥쑥 자란다. 그러나 유기견이거나 일찍 어미에게서 떨어진 강아지를 입양했다면 수의사의 조언을 받아 강아지용 우유를 먹이거나 자견용 사료를 물에 불려서 준다.

• 4개월~1년

강아지가 규칙적인 식사를 할 수 있는 습관을 들이는 시기다. 사료는 정해진 시간에 하루 3~4회를 주고, 8~12개월에는 하루 2~3회를 준다. 어린 강아지는 하루가 다르게 쑥쑥 자라기 때문에 체중과 체장을 자주 확인해서 부족하지 않게 식사를 주어야 한다.

• 1~7년

자견용 사료에서 성견용 사료로 넘어가는 시기다. 하루에 1~2회를 준다. 암컷이나 중성화수술을 한 강아지는 평균적인 수컷에 비해 살찌기 쉬우므로, 영양소 섭취량에 신경을 써주어야 한다.

• 7년 이상

나이가 들수록 치아가 약해지고 소화 흡수 능력이 떨어진다. 따라서 씹기 편하고 흡수율이 높은 사료를 준다. 음식을 먹기 힘들어하는 노령견에게는 사료와 물을 함께 갈아서 주사기로 조금씩 입 안에 넣어주는 것도 방법이다.

◇ 절대 먹으면 안 되는 사람 음식

양파, 우유, 알코올, 커피, 포도, 사과, 수박, 참외, 토마토, 밀가루 음식, 양념이 가미된 음식, 탄산음료, 초콜릿, 닭뼈, 오징어 등

❷ 간식

껌이나 뼈, 육포, 쿠키 같은 간식은 강아지에게는 최고의 음식이자 보호자에게는 유용한 훈련 도구의 하나다. 그러나 간식은 대체로 칼로리가 높아서 많이 먹으면 영양 불균형을 초래할 수 있고 뚱뚱이 강아지가 될 수도 있다. 따라서 간식을 줄 때는 하루 필요 칼로리의 10%를 넘지

배변 상태로 판단하는 급여량 T I P

- **부족**
  토끼나 염소의 변처럼 콩 모양으로 동글동글하게 굳은 상태

- **적당**
  변을 종이나 휴지로 집기 쉽게 적당히 단단한 상태

- **과식**
  변이 묽어 종이나 휴지로 집을 수 없는 상태

않도록 하고, 가능하면 과일이나 채소 등 몸에 좋고 살은 덜 찌는 재료를 간식으로 준다.

어린 강아지는 아직 소화기관이 발달하지 않아 간식을 먹고 설사나 구토를 할 수 있으므로 최소 생후 3개월이 지난 후에 주는 것이 좋다. 또한 훈련에 대한 보상으로 간식을 많이 주는데 이때도 하루 필요 칼로리를 넘지 않도록 하고, 사료 대신 간식만 먹으려는 습관을 들이지 않도록 노력해야 한다.

❸ 물

신선한 물은 강아지에게 꼭 필요하다. 생수나 수돗물이 적당하고, 수분이 포함된 음식(습식 사료)을 주는 것도 좋다. 물을 항상 먹을 수 있도록 물그릇을 몇 군데 준비해두고, 밤 10시 이후에는 물그릇을 치워서 잠자리에서 소변 보는 것을 방지한다. 그러나 수분이 부족한 상태가 아닌데도 지나치게 많은 물을 마실 때는 질병의 신호일 수도 있기 때문에 잘 살펴야 한다. 스트레스를 받아도 물을 많이 마신다. 물 섭취량 계산법은 106페이지를 참고한다.

2 하우스 고르기와 적응 훈련

강아지에게 하우스는 단순한 집이 아니다. 밥을 먹고 잠을 자는 곳이
자 휴식을 위한 공간이기도 하다. 크레이트나 켄넬을 하우스로 사용해
도 좋고, 돔 모양의 아늑한 집을 구입해서 지내게 해주어도 좋다. 어떻
게 하면 강아지에게 편안하고 안락한 공간을 마련해줄 수 있을까.

❶ 하우스 고르기

강아지마다 성격이 다르듯 집에 대한 취향도 제각기 다르다. 지붕이
있는 아늑한 집을 좋아하는 강아지가 있는가 하면 거실에 방석만 깔아
주어도 만족하는 강아지도 있다. 강아지가 자란 후에도 쓸 수 있는 넉넉
한 크기로 고르고, 아직 어려 집이 크다면 폭신한 장난감이나 담요를 넣
어서 아늑하게 만들어준다. 청소나 관리하기 쉬운지도 따져본다.

하우스는 크게 지붕이 있는 형태, 방석 형태, 크레이트(켄넬) 등으로

나눌 수 있다. 지붕이 있는 크레이트 형태라면 강아지가 일어섰을 때 귀가 천장에 닿지 않고, 안에서 한 바퀴를 돌았을 때 벽에 몸이 닿지 않아야 하며, 뒷다리를 옆으로 뻗고 편안히 엎드릴 수 있어야 한다.

◇ 지붕이 있는 형태

구덩이를 파고 들어가 살던 야생의 습성을 간직한 강아지에게 유용한 하우스 형태다. 지붕과 벽이 있어 외부의 소음을 차단하고 안정감이 있다. 플라스틱, 천, 나무 등 여러 가지 소재로 만드는데, 플라스틱은 내구성이 강하고 청소도 비교적 쉽다. 하우스 바닥을 겨울에는 전기장판으로 따뜻하게, 여름에는 아이스팩으로 시원하게 해준다. 천 재질은 푹신하고 보온성이 있으나 물어뜯을 염려가 있다. 자작나무 등 원목으로 만든 하우스도 있다. 강아지의 크기나 몸무게를 고려하여 맞는 집을 선택하도록 한다.

◇ 방석 형태

거실이나 부엌 가장자리, 방에 놓아두기 쉽고 이동도 간편하다. 어디서든 잘 지내는 강아지라면 방석으로 충분하지만, 사방이 트인 곳에서 긴장하고 예민해지는 강아지라면 스트레스를 받을 수도 있다. 방석 외에 매트나 침대, 소파, 텐트 등 기능성을 고려한 다양한 제품이 나와 있다. 일명 '마약 방석'으로 불리는 도넛 방석도 있고, 더운 여름을 위한 강아지 전용 쿨매트도 있다.

◇ 이동장(켄넬, 크레이트)

사방이 막혀 있는 크레이트와 켄넬은 여러 형태의 하우스 중에서 강아지의 보금자리로 가장 좋다. 간단한 훈련만으로도 집으로 인식시킬 수 있다. 이동장으로 사용한 켄넬이나 크레이트에 강아지가 좋아하는 담요를 깔아주거나 봉제인형을 넣어주고, 간식 등을 이용해 그 공간에 익숙해지게 만든다. 이 훈련만 잘 된다면 강아지가 흥분하거나 불안해할 때, 혼자 두고 집을 비울 때, 동물병원에 갈 때 등 여러 상황에서 활용할 수 있고, 문제 행동도 줄일 수 있다.

❷ 하우스 적응 훈련

훈련 동영상
QR 코드

이동도 간편하고 집으로 쓰기에도 적당한 켄넬을 이용하여 하우스 적응 훈련을 해보자. 이 훈련에서 가장 중요한 점은 켄넬이 즐거운 공간, 칭찬받는 공간임을 인식시키는 것이다. 벌을 주거나 가두는 용도로 사용해 하우스에 부정적인 인식을 갖게 해서는 안 된다. 켄넬 안에 어미개의 체취가 밴 담요나 강아지가 좋아하는 인형을 넣어준다. 그리고 간식을 이용하여 하우스 훈련을 한다.

- 간식을 켄넬 안으로 던져 넣는다. 강아지가 간식을 먹기 위해 켄넬에 들어가면 칭찬을 해준다. 이때 강아지를 강제로 켄넬 안으로 밀어넣지 말고 스스로 들어갈 때까지 기다린다.

- 어느 정도 적응하면 강아지가 켄넬 안에 들어가 있는 상태에서 사료를 주고 문을 잠시 닫아놓는다. 켄넬 안에서 사료를 먹고 잠자는 시간을 늘린다.

- 강아지는 야단을 맞거나 스트레스를 받거나 두려우면 켄넬 안으로 들어가 게 되는데, 이때 절대 강제로 꺼내지 말아야 한다.
- 강아지가 울 때 안아주거나 꺼내주면 앞으로 더욱 자주, 크게 울 것이다. 그 모습이 안쓰럽겠지만 서로를 위해 조금만 참고 기다린다.
- 집을 비울 때도 유용하다. 켄넬 옆에 물을 둬서 언제든 먹을 수 있게 하고, 장난감도 넣어서 심심하지 않게 한다.
- 켄넬 훈련이 잘 되어 있으면 손님이 집에 올 때나 대중교통으로 이동할 때 다른 사람에게 피해를 주지 않는다.

3 배변 주기와 배변 훈련

강아지와 살아갈 때 가장 신경 써야 할 것 중 하나가 배변 문제다. 고양이는 본능적으로 대소변을 가리지만, 강아지는 별도의 훈련으로 정해진 장소에 배변을 할 수 있게 가르쳐야 한다. 초기에 습관만 잘 들이면 아무 데서나 배변을 하는 실수를 줄일 수 있다.

강아지를 데려오기 전에 울타리를 설치하고 그 안에 화장실 공간을 따로 마련한다. 아직 어린 강아지는 행동 범위가 넓으면 화장실을 인지하지 못할 수도 있기 때문에 처음에는 잠자는 곳 근처에 배변판이나 배변 패드를 두어 볼일을 보게 한다. 대소변을 잘 가리면 칭찬을 해주고, 아직 익숙하지 않아 실수를 해도 야단을 치지 말고 인내심을 갖고 가르치도록 한다.

❶ 배변 훈련은 언제부터?

배변 훈련은 언제부터 하는 것이 좋을까? 강아지는 생후 14주까지는 괄약근과 대장 근육이 잘 발달하지 않아 배변을 참는 데 어려움이 있어 훈련이 쉽지 않다. 따라서 생후 14주 이후에 훈련을 하는 것이 좋다.

호기심이 많고 활달한 강아지라면 집에 온 날부터 해도 되고, 소심하고 겁이 많은 강아지라면 새로운 환경에 어느 정도 적응한 뒤에 시작하도록 한다. 그러나 아직 어린 강아지는 대소변을 참을 수 있는 능력이 현저히 떨어진다. 즉, 시시때때로 대소변을 본다. 2~3일 정도는 강아지가 언제 대소변을 보고 그 주기가 어떻게 되는지 꼼꼼하게 살펴보자. 그런 다음 배변판과 배변 패드를 이용하여 배변 훈련을 하자. 보다 자세한 배변 훈련 방법은 Part3의 '처음부터 확실하게, 배변 훈련'을 참조한다(135~144페이지).

◇ 연령에 따른 소변 주기

생후 8~16주	소변 주기는 2시간이다. 배변 훈련을 하기에 적당한 시기다.
생후 4~6개월	소변 주기는 6~7시간이다. 강아지의 집중력이 약해지고 호기심이 왕성해 배변 훈련을 어려워할 수 있다.
생후 6~12개월	소변 주기는 7~8시간이다. 수컷은 한쪽 다리를 들고, 암컷은 앉은 자세로 소변을 본다.

❷ 배변 훈련 기간

배변 훈련 기간은 강아지의 본능이나 성격과 관련이 있다. 서열이나 영역에 대한 집착이 강할수록, 지나치게 깔끔을 떨수록 배변 훈련이 쉽지 않다. 제아무리 똑똑하기로 이름난 견종이라고 해도 배변 훈련이 쉽지 않은 건 마찬가지다. 문제는 보호자가 얼마나 인내심을 갖고 시간과 노력을 투자하느냐에 달렸다. 보호자가 열심히 가르치고 강아지가 학습 능력이 뛰어나면 1주일 만에 끝나기도 하고, 몇 달이 걸리기도 하며 성견이 되어서도 가끔 실수를 하는 녀석들도 있다.

❸ 기초 배변 훈련

강아지는 새로운 환경에서 36~48시간 내에 대소변을 볼 곳을 정한다고 한다. 영역 동물인 강아지는 그렇게 화장실이라고 정한 곳에서 계속 볼일을 본다. 따라서 집에 데려올 때 배변판이나 배변 패드를 화장실로 인식시킨다면 보다 쉽게 배변 문제를 해결할 수 있을 것이다.

- 울타리 한쪽에 배변 패드를 넓게 깔아둔다. 집과 화장실은 멀수록 좋다. 강아지가 대소변이 마려운 듯 코를 바닥에 대고 킁킁거리며 돌거나 흙 파는 시늉을 하면 패드로 데려간다.
- 배변 패드에 올라간다면 바로 볼일을 보게 하고, 올라가려 하지 않으면 간식으로 유인한다.
- 강아지가 볼일을 마치면 간식을 주고 칭찬을 함으로써 좋은 기억을 심어준다. 강아지가 패드 위에 배변하는 데 익숙해지면 깔아놓은 패드의 개수를 줄여나가고 배변판도 함께 이용한다.
- 볼일을 본 후에는 패드를 바로 바꿔준다. 강아지는 후각이 예민해서 패드에서 냄새가 나면 엉뚱한 곳에 볼일을 볼 수도 있다. 만약 자주 바꾸어주기가 어렵다면 소변 흡수율이 빠르고 탈취 효과가 뛰어난 패드를 사용한다.
- 패드가 아닌 곳에 실수를 했다고 해도 소리를 지르거나 윽박지르지 않는다. 그럼 강아지는 무조건 참거나 숨어서 배변을 할 수도 있다. 스트레스가

대소변이 마려울 때 보이는 모습

코를 바닥에 대고 킁킁거리며 돈다   바닥을 긁으며 흙 파는 시늉을 한다

- 자고 일어난 후
- 식사 후
- 물 마신 후
- 놀고 난 후

심하면 배변을 먹을 수도 있다.
- 배변 장소는 울타리 외에도 화장실, 베란다, 외부 등을 이용할 수 있다. 화장실이나 베란다를 배변 장소로 선택할 경우 패드 등 별도의 비용이 들지 않고 물로 씻어내면 되는 등 간편하다. 그러나 공동주택이라면 관을 통해 위아래 집으로 오줌 냄새나 청소 시 쓰는 락스 냄새가 퍼질 수 있고, 강아지의 발이 배변으로 젖으면 습진에 걸릴 수도 있다.

❹ 규칙적인 식사가 배변 훈련의 기초

매일 같은 시간에 같은 양의 식사를 하는 것이 중요하다. 그래야 배변 시기를 예측하여 성공적으로 훈련할 수 있기 때문이다. 강아지는 많이 먹고 마실수록 자주 배설한다. 따라서 품종, 크기, 나이, 활동량 등에 따라 적당한 양을 주고, 15~20분이 지나면 그릇을 치운다. 대부분의 강아지는 식사 후 얼마 안 있어 배설을 하는데, 어린 강아지일수록 식사와 배설 사이의 간격이 짧다. 강아지는 자랄수록 용변을 오래 참을 수 있고 배설 횟수도 줄어든다.

◇ 강아지의 성격에 따라 화장실 위치도 다르게

• 낯선 사람만 보면 짖는 강아지

대체로 공격적이고 방어적인 성향이 많다. 따라서 창문 주위나 현관 가까이에 배변판을 놓아두면 주위를 경계하면서 볼일을 볼 것이다.

• 겁이 많은 강아지

남이 안 보는 곳에서 배변을 하고 싶어 한다. 배설물 냄새가 상대방에게 노출되면 공격을 받을 수 있다는 두려움도 갖고 있으므로 창문이 보이지 않는 구석진 곳에 화장실을 마련해준다.

4 빗질과 목욕하기

목욕은 언제부터 하는 게 좋을까? 가급적 입양 첫날은 피하도록 한다. 낯선 환경과 이동에 의한 스트레스로 심리적으로 불안정할 수 있기 때문이다. 만약 몸에서 냄새가 난다면 따뜻한 물을 수건에 적셔 항문과 발바닥, 귀, 눈 등을 부드럽게 닦아준다. 스트레스를 받은 상태에서 목욕까지 시키면 면역력 저하로 설사를 할 수도 있다.

강아지가 어느 정도 환경에 적응했다 싶으면(대략 1주일 내외) 목욕을 시도한다. 아직 어린 강아지라면 물을 무서워할 수 있으니 먼저 물에 친숙해지게 한 다음 재빨리 씻어주는 것이 좋다. 목욕 주기는 따로 정해져 있지 않은데 3~4주에 1회 정도가 적당하다. 자주 씻기면 피부와 털이 건조해지고 피부 저항력이 약해질 수 있기 때문이다.

❶ 목욕 전 준비

◇ 털 빗질하기

목욕 전에 털을 빗질해준다. 빗질은 매일 해주는 것이 좋은데, 먼지나 비듬, 빠진 털을 없애는 것은 물론 피부에 자극을 주어 혈액 흐름을 원활하게 한다. 특히 긴 털을 가진 종은 엉킨 털을 풀어주어야 보다 편하게 목욕을 할 수 있고 목욕 후 털 속에 샴푸 잔여물도 남지 않는다. 또한 털이 잘 마르게 해서 피부병도 예방해준다. 어린 강아지일 때는 이가 촘촘한 빗을, 좀 자라면 털 길이와 견종에 맞는 빗을 선택하여 빗어준다. 생후 1개월 반 무렵부터 빗질을 해서 천천히 습관을 들이는 것이 좋다.

◇ 준비물

강아지용 샴푸를 미리 준비한다. 사람이 쓰는 샴푸는 강아지의 피부를 건조하게 하고, 박테리아나 해충, 바이러스에 취약하게 만들 수 있기 때문에 사용하지 않는다. 순한 아이용 샴푸도 마찬가지다. 샴푸는 견종이나 연령, 피부 질환의 유무에 따라 맞는 것을 선택한다. 피부 질환이 있다면 저자극성이나 약용, 오가닉 샴푸 등을 사용한다. 시중에 다양한 용도의 강아지 샴푸가 나와 있으므로 내 강아지에게 맞는 것을 선택한다. 그 밖에 흡수력이 좋은 수건과 헤어드라이어도 준비한다.

◇ 친근한 욕실 환경 만들기

강아지에게 욕실은 씻거나 털을 빗기 위해 들어가는 그리 즐겁지 않은 장소이다. 따라서 이 기억을 긍정적으로 바꾸어주는 것이 중요하다. 평소 물이 없는 욕조에서 놀아주거나 간식을 주어 욕실을 친근하게 느끼도록 한다. 또 가끔 강아지가 보는 앞에서 샤워기를 틀어서 물소리에 익숙해지게 한다. 이렇게 욕실 공간을 긍정적으로 인식하게 만든 다음 본격적으로 목욕을 시작한다. 욕실 바닥에는 강아지가 미끄러지지 않도록 물에 적신 큰 수건을 깔아둔다.

❷ 목욕하기

처음 목욕할 때는 입욕 방식으로 해주는 것이 목욕에 대한 거부감을 줄이는 데 도움이 된다. 욕조나 대야에 강아지의 무릎이 잠길 정도의 물을 받는다. 물의 온도는 36~38도가 적당하다. 강아지의 체온은 사람보다 2도가량 높으므로 사람이 느낄 때 따뜻한 느낌이 들어야 한다. 여름에도 따뜻한 물이 좋다. 받아놓은 물에 샴푸를 풀어 거품을 낸 다음 가볍게 헹구듯 진행한다.

심장에서 먼 꼬리에서 다리, 엉덩이, 몸통, 배, 가슴 순으로 물을 묻히고 부드럽게 비누칠을 해준다. 얼굴은 손으로 씻어준다. 냄새가 많이 나는 발바닥도 꼼꼼히 씻어주고, 강아지 비린내의 원인이 되는 항문낭도 짜주도록 한다.

목욕을 할 때 눈과 귀 등에 물이나 샴푸 액이 들어가지 않게 조심한다. 귀에 물이 들어간 채로 두게 되면 염증 유발 원인이 된다. 귀에 물이 들어가는 것을 방지하려면 씻을 때 귀를 접거나 솜으로 막는다. 그럼에도 들어갔다면 물로 직접 씻어내기보다는 젖은 휴지로 닦아낸 다음 목욕이 끝나고 귀 청소를 해준다. 눈에 비눗물이 들어갔다면 바로 흐르는 물로 씻어낸다. 눈에 눈곱이나 이물질이 있다면 먼저 정리해준 다음 목욕을 하는 것이 좋다. 목욕 시 눈에 샴푸가 들어갔다면 바로 물로 헹궈 준다.

❸ 목욕 후 말리기

목욕을 마치면 수건으로 몸을 감싸서 물기를 말린다. 특히 어린 강아지는 목욕 후 체온이 급격히 떨어질 수 있으므로 재빨리 수건으로 몸을 따뜻하게 감싸준다. 이때 강아지가 몸을 털어 물이 사방으로 튈 수 있으니 주의한다.

수건으로 물기를 닦아줄 때 장모종의 경우 털이 엉킬 수 있으므로 비벼서 닦지 않도록 한다. 헤어드라이어는 청각이 예민한 강아지를 위해서 처음에는 작은 소리를 내서 익숙해지게 한 다음 사용하고, 가능하면 찬바람으로 말려주는 것이 좋다. 목욕 후 수분 미스트를 뿌려주면 적당한 수분 공급과 정전기를 방지할 수 있다. 마지막으로 부드럽게 빗질을 해준다.

화장솜이나 면봉으로 귓속 물기를 제거한 다음 귀 세정제로 청소를 해준다. 이때 강아지가 움직이지 않도록 머리를 단단히 붙잡는다. 귀 청소는 강아지가 생후 2~3개월 후에 시작하고, 매주 한 번씩 해준다. 목욕을 비롯한 털 손질하기, 귀·발톱·치아 관리법은 Part5의 '집에서 하는 기본 미용 관리'를 참조한다(333~349 페이지).

목욕 전 알아두세요!

- 첫 목욕 시 강아지가 놀라거나 도망가려 하는 것은 자연스러운 반응이다. 따라서 강아지를 거칠게 대하거나 소리를 질러서는 안 된다. 간식을 주고 칭찬을 해서 목욕 시간을 즐겁게 만들어준다. 계속 말을 걸어주는 것도 좋다.
- 강아지가 더럽거나 냄새가 심하게 나지 않으면 목욕을 시키지 않는다.
- 강아지의 몸에서 냄새가 나는 것은 질환 때문인 경우가 많다. 피부 질환이나 치주 질환, 지저분한 귓속, 항문낭염 등이 원인이다. 목욕을 해도 계속해서 냄새가 난다면 병원을 찾는다.
- 온도 변화에 민감하므로 실내 온도를 따뜻하게 유지한다. 목욕 중이나 직후에 저체온증에 걸릴 수 있으므로 주의하고, 강아지가 많이 추워할 때는 담요나 두꺼운 수건으로 감싸서 체온을 높여준다.
- 사람 피부와 강아지 피부는 pH(산성 또는 알칼리성의 정도)가 다르다. 사람이 쓰는 제품을 강아지에게 사용한다면 피부 질환을 일으킬 수 있으므로 주의해야 한다.
- 보호자 혼자 목욕을 시키기 힘들다면 전문 애견 미용사에게 도움을 청한다.

04
주기별 일상 케어 한눈에 보기

◇ 일상 케어

주기	내용
매일	밥 주기 물 주기 배변판 청소 및 배변 패드 갈아주기 양치질(생후 3~4개월부터) 눈물 닦아주기 털 관리(브러싱) 산책 및 운동 산책 후 발 닦아주기
매주	귀 청소 항문낭 짜주기
1~2개월	목욕(많게는 1~2주에 한 번, 적게는 1개월에 한 번) 발톱 깎기(1개월에 한 번) 심장사상충약 투여 발바닥 털 깎기, 항문 주위 털 깎기 구충약 투여 치아 검사(6개월에 한 번) 털 관리(첫 미용은 5차 예방접종을 마친 후에 하는 것이 좋다)

◇ 시기별 건강검진

시기	내용
6개월	청진, 항체 검사
6~12개월	구강 검진
1년	귀와 피부, 아토피 검사
2년	치아 및 관절 검진
5~8년	생애 전환기 검사(안과 검사, 혈액 검사, 엑스레이 검사, 소변 검사, 호르몬 검사)
8년 이후	정밀 건강검진(안과 검사, 구강 검사, 혈액 검사, 혈압 체크, 엑스레이 검사, 소변 검사, 초음파 검사, 심장 검진(심전도, 심장 초음파 등))

◇ 시기별 주요 예방접종

시기	내용
1차(6주)	종합 백신 1차, 코로나 장염 백신 1차
2차(8주)	종합 백신 2차, 코로나 장염 백신 2차
3차(10주)	종합 백신 3차, 켄넬코프(전염성 기관지염) 백신 1차
4차(12주)	종합 백신 4차, 켄넬코프 백신 2차
5차(15주)	종합 백신 5차, 광견병 백신
15주 이후	종합 백신, 코로나 장염 백신, 켄넬코프 백신은 매년 추가 접종, 광견병 백신은 6~12개월마다 추가 접종

한 살까지
돌보기의
모든 것

건강의 시작,
먹이기

이제 강아지의 식사에 대해 구체적으로 살펴보자. 강아지의 주식인 사료는 크게 건식 사료와 습식 사료로 나뉜다. 여기에 강아지의 입을 즐겁게 해주거나 훈련을 할 때 보상으로 주는 간식이 있다.

시중에 판매되는 사료의 종류는 너무나 많고, 살펴봐야 할 성분도 한두 가지가 아니다. 사료의 주재료에는 닭고기, 소고기, 양고기, 연어, 오리고기 등이 있고 여기에 곡물이 섞이거나 안 섞인 것이 있다. 연령별로는 자견용, 성견용, 노령견용으로 나뉘고, 일반, 프리미엄, 슈퍼 프리미엄, 홀리스틱, 오가닉 등급이 있다. 죄다 좋다고 광고 문구를 붙였는데 어떤 것이 내 강아지가 잘 먹고 좋아할지 확신이 서지 않는다.

사료를 선택할 때 어떤 요소를 고려해야 할지 안다면 그리 어렵지 않다. 넓고도 복잡한 사료의 세계를 알아보자.

1 사료

강아지에게 사료는 일반적인 식사라고 할 수 있다. 간편하고 가격이 비교적 저렴하며 필수 영양소인 단백질, 지방, 탄수화물, 비타민과 미네랄 등을 고루 함유하고 있다. 사료를 제때 적당한 양을 주기만 해도 강아지는 건강하게 자랄 수 있다. 사료는 강아지의 나이, 견종, 몸무게, 활동 수준, 건강 상태 등에 따라 맞는 것을 선택하고, 하루에 필요한 양만큼 주도록 한다. 특히 대부분의 강아지가 생후 1년을 전후하여 성견이 되므로 이 시기에 사료의 종류와 식사 주기를 바꿔준다.

❶ 사료의 종류

◇ 건식 사료

흔히 볼 수 있는 알갱이 형태의 사료를 말한다. 관리하기 편하고 습식 사료에 비해 냄새가 덜 난다. 사료 알갱이가 딱딱하기 때문에 치아와 턱, 두뇌 발달에 좋고 같은 양을 먹었을 때 더 포만감을 느낄 수 있다. 치아가 튼튼하고 씹는 것을 좋아하는 건강한 강아지에게 적합하다. 물을 따로 꼭 챙겨주어야 한다.

◇ 습식 사료

수분 70~85%를 함유한 촉촉한 사료로 캔이나 파우치 등에 담겨 있다. 건식 사료에 비해 단백질과 지방의 함량이 높다. 다양한 맛을 즐길 수 있지만, 건식 사료에 비해 비싸고 유통기한이 짧다. 치아가 좋지 않은 노령견, 잇몸병으로 고생 중이거나 회복기의 강아지에게 주면 좋다.

그 밖에 건식 사료와 습식 사료의 중간 형태인 반습식(소프트) 사료, 고기나 생선 등을 가공하지 않은 상태로 주는 생식 등이 있다.

◇ 혼합 급여도 좋다

주로 실내 생활을 하는 강아지는 수분 섭취가 부족하기 마련이다. 건식 사료에 수분이 많은 습식 사료를 섞어 주면 자연스럽게 수분 섭취가 되고, 보다 균형 잡힌 영양을 공급할 수 있다.

습식 사료와 건식 사료를 섞어 줄 때는 운동량이 보통인 소형견을 기준으로 습식 사료를 평소 급여량의 1/4 무게만큼 급여하고 나머지는 건식 사료를 준다. 예를 들어 몸무게가 4kg인 강아지의 일일 급여량을 기준으로 했을 때 습식 사료로만 줄 때는 3캔(시저캔 기준으로 1캔은 85㎉/100g)이 적당하지만, 혼합 급여 시에는 습식 사료 1캔에 건식 사료 1/2컵을 혼합해서 주도록 한다.

강아지에 따라 필요한 영양소의 양이나 에너지가 다르기 때문에 몸무게, 운동량을 고려해 하루 권장 칼로리를 계산하여 사료를 주면 충분한 영양 섭취와 함께 체중 관리에도 도움이 된다(사료 양 계산법은 100~101페이지 참조).

❷ 사료의 구분

사료를 고를 때는 먼저 강아지의 나이와 몸무게, 크기 등을 따져봐야한다. 시중에 나와 있는 사료는 나이를 기준으로 퍼피(자견)용, 어덜트(성견)용, 시니어(노령견)용으로 나눈다. 퍼피용은 생후 1년까지, 어덜트용은 생후 1년에서 7년까지, 시니어용은 생후 7년 이상이다. 또는 크기를 기준으로 소형견용, 중형견용, 대형견용으로 나누고, 견종별로 분류하는 것도 있다. 내 강아지의 나이(몇 주 또는 몇 개월)와 몸무게, 크기 등을 따져본 다음에 맞는 사료를 선택한다.

강아지는 견종에 따라 '어른'이 되는 시기가 다르다. 초소형견이나 소형견은 10개월, 중형견은 12개월, 대형견은 15~18개월, 초대형견은 18~24개월 정도면 다 자란 것으로 본다. 이 시기를 기준으로 대략 생후 1년 이전까지는 성장 발달에 도움이 되는 열량과 단백질이 높은 사료를 주고, 이후에는 균형 잡힌 영양식을 준다. 그리고 활동량이 적은 노령견에게는 소화가 잘 되는 저칼로리 사료를 먹인다.

◇ 성장 시기별 사료의 조건

· **자견용**

어린 강아지는 성장 속도가 사람보다 8배 이상 빠르다. 따라서 생후 1년까지는 성장에 필요한 단백질, 지방, 칼슘 등의 영양소가 균형 있게 들어간 사료를 주어야 한다. 성견용 사료에 비해 알갱이가 작은 편(스몰 바이트)이다.

이상적인 영양소 비율 = 탄수화물(43~68%) : 단백질(25%) : 지방(22~25%)

• 성견용

몸이 거의 자란 강아지는 성장기 강아지보다는 영양이 많이 필요하지 않다. 따라서 사료도 적당한 활동과 체력 유지에 필요한 만큼 줘야 한다. 만약 이를 초과해서 먹인다면 비만견이 될 수 있다. 다만, 사냥이나 야외놀이로 활동량이 많다면 고칼로리 사료를 줘도 괜찮다.

이상적인 영양소 비율 = 탄수화물(60%) : 단백질(22~32%) : 지방(15%)

• 노령견용

나이 든 강아지는 움직임이 느려지고 신진대사와 소화 능력도 약해진다. 후각이나 미각의 기능이 떨어지고 식욕도 예전 같지 않고, 씹는 것에 불편함이 있을 수 있다. 노령견에게는 탄수화물과 비타민의 함량이 높고 지방이 낮은 부드러운 사료를 주도록 한다.

이상적인 영양소 비율 = 탄수화물(62~78%) : 단백질(15~23%) : 지방(7~15%)

◇ 사료의 알갱이 크기

소형견이나 어린 강아지에게는 작은 알갱이의 사료가, 중·대형견이나 성견에게는 큰 알갱이의 사료가 적합하다. 그러나 소형견임에도 삼키는 버릇이 있거나 사료를 급하게 먹는 편이라면 알갱이가 큰 사료를 먹이는 등, 식습관이나 기호 등에 따라 선택한다.

스몰바이트
(작은알갱이)

실제크기 : 약 8mm
(오차범위 1~2mm)

라지바이트
(큰알갱이)

실제크기 : 약 14mm
(오차범위 1~2mm)

❸ 얼마나 자주 줘야 할까

강아지는 생후 1년이 될 때까지는 식사를 몇 번에 나누어 주는 것이 좋다. 성견에 비해 소화 흡수력이 낮기 때문이다. 조금씩 자주 주는 것이 위에 부담도 적고 흡수율도 높인다. 생후 6개월까지는 하루에 네 번, 6개월에서 1년까지는 하루에 세 번, 1년이 넘으면 아침, 저녁으로 두 번 먹인다. 1년이 넘었더라도 다이어트 중이거나 나이가 많아 소화력이 떨어진다면 조금씩 자주 준다.

❹ 한 끼에 얼마나 주어야 할까

그렇다면 한 끼에 사료를 얼마나 주는 게 좋을까? 기준이 되는 것은 칼로리다. 각 사료마다 들어가는 재료가 다르고 그에 따라 칼로리 역시 달라지기 때문에 급여량도 달라진다. 따라서 사료의 칼로리 양과 강아지에게 필요한 칼로리를 알아야 한다. 사료의 칼로리는 자견, 성견, 노령견에 따라 다르고 어릴수록 칼로리가 더 많이 필요하다. 일일 에너지 요구량은 나이, 활동성, 중성화, 임신, 수유 등에 따라 다르다. 이 두 요소를 고려하여 하루에 필요한 사료의 양을 계산한다.

사료를 얼마나 주어야 하는지를 계산하는 방법은 다양하다. 그중에서 가장 쉬운 방법은 강아지의 나이와 몸무게 등을 따져서 사료를 고른 다음 사료 포장지에 표시된 양만큼 주는 것이다. 그러나 강아지에 따라 기호나 성장 조건 등이 다르기 때문에 기본적인 계산법을 알아두는 것이 좋다.

생후 3~6개월의 어린 강아지는 몸무게의 4~5%에 해당하는 양을 하루에 3~4회, 생후 6~12개월의 성장하는 강아지는 몸무게의 2~3%를 하루에 2~3회, 생후 1년 이상의 성견은 몸무게의 2%가량을 하루에 2회 정도로 나누어 준다. 기본적으로 몸무게가 많이 나가는 중·대형견은 이 시기에 소형견 급여량의 85% 정도를 주고, 성견이 되면 몸무게의 1.2~1.7%를 준다.

예) 강아지가 3개월이고 몸무게가 5kg이라면?

5kg(5,000g) × 4%=200g

하루에 세 번 종이컵(한 컵당 70~80g) 한 컵씩을 주면 된다.

강아지의 변의 상태를 보고 사료의 양을 판단하기도 한다. 묽은 변이나 설사를 한다면 먹이를 지나치게 많이 준다는 것이고, 딱딱한 마른 대변은 적게 준다는 뜻이다. 적당량을 섭취한 경우에는 변의 형태가 분명하고 휴지로 줍기 쉽고 적당히 단단하다. 변의 상태에 따라 사료의 양을 국립축산과학원 사이트에서는 강아지의 체중과 견종, 먹이는 사료의 칼로리 등을 입력하면 적정 사료 투여량과 비만 여부를 알려준다.

줄이거나 늘리도록 한다.

❺ 사료 선택하기

1. 좋은 원료를 사용한 사료를 골라야 한다. 주원료인 고기의 경우 부산물보다 살코기 함량이 높은 사료가 좋다. 향신료나 첨가물이 많이 혼합된 사료는 질이 낮고 알레르기 등 질환을 유발할 수 있으므로 주의한다.

2. 여러 영양소들이 고루 들어 있는지 확인한다. 좋은 사료에는 기본 영양소 외에 필수 지방산, 비타민, 미네랄 등이 균형 있게 들어 있다. 질병이 없는 1년 이상의 성견은 20% 이상의 단백질, 20% 이하의 지방, 0.5% 이상의 칼슘이 함유된 사료를 선택한다.

3. 그레인 프리(글루텐 프리) 사료를 선택하는 것이 좋다. 곡물은 강아지에게 소화 불량과 알레르기 등을 일으킬 수 있다. 다만 곡물이 들어갔다면 정제되지 않은 곡물, 즉 현미, 통밀 등이 들어간 사료를 선택한다.

4. 사료 성분의 끝부분에 '~등'이라고 쓰여 있거나 성분을 명확하게 표기하지 않은 사료는 피하는 것이 좋다. 부산물, 육골분, 가금육, 동물성 단백질 성분의 사료도 주의한다.

상품 뒷면 상품 정보 내용 확인

제품에 따라 유통기한 표기 방법이 다르니 꼭 제품 뒷면을 확인해야 한다.

• 타입 ①

> 뮤 합제(칼슘, 인), 타우린, 비타민합제(비타민C, E), L-아스코르브-2-폴리인산난
> L-트립토판, 건조 다시마, 건조 시금치, L 라이신, 유카시디게라 추출물, 크랜베
> 리, 혼합토코페롤(보존), L-카르니틴, 로즈마리 추출물, 녹차 추출물, 스피아민트
> • **동물용의약품첨가내용** : 해당없음   • **실제 중량, 유통 기한** : 별도 표기
> • **제조일자** : 유통기한으로부터 14개월 전

• 타입 ②

BEST BY 30 OCT 2019 8242
N8U0804 RBF 10.07 337

PRODUCTION CODE

유통기한(일/월/년 순 표기법): 유통기한 2019년 10월 30일까지

5. 나이에 맞는 사료를 고른다. 생후 1년 미만은 자견용, 1~7년은 성견용, 7년 이상은 노령견용을 선택한다. 다이어트용, 임신&수유용, 피부병용 등 특수 사료도 있다.

6. 색소, 보존제, 방부제, 산화방지제 등이 들어가지 않았는지를 확인한다. 사료의 변질을 막기 위해서나 식감을 좋게 하기 위해 여러 가지 화학물질을 첨가하는데, 이들 첨가물은 건강에 좋지 않은 영향을 끼칠 수 있다. 특히 합성 산화방지제(BHT, BHA, 에톡시퀸), 인공 색소가 들어간 사료는 피하도록 한다.

7. 믿을 만한 사료 회사인지, 자체 연구시설을 갖추었는지, 노하우와 기술을 가지고 있는지, 제조 공정이 믿을 만한지 등을 따진다. 직접 방문이 어렵다면 회사의 홈페이지 등을 통해 확인한다. 또한 제때 필요한 양을 지속적으로 구입할 수 있는지도 살핀다.

8. 사료를 고를 때는 유통기한과 가격도 꼼꼼히 따져야 한다. 건식 사료에 비해 습식 사료의 유통기한이 짧다. 소량보다는 대량으로 구매할 경우 더 저렴하지만, 특히 여름철에 보관하기 어렵다.

9. 사료를 고를 때 가장 우선적으로 고려해야 할 것은 기호성이다. 기호성은 강아지가 사료를 먹을 때 느끼는 특성으로 사료의 외형, 냄새, 온도 등 다양한 요인에 의해 결정된다. 즉 강아지가 좋아하고 잘 먹는 사료를 골라야 한다. 소형견은 작은 알갱이, 대형견은 큰 알갱이를 좋아하며, 육류 냄새가 날수록 잘 먹는다. 사료를 구입하기 전에 해당 회사에 여러 종류의 샘플 사료를 요청해서 먹여본 후 고르는 것도 방법이다.

◇ 조단백질을 따져보자

순수한 단백질 이외에 단백질로 추정할 수 있는 질소화합물까지를 포함한 단백질을 말한다. 단백질은 강아지의 몸속에 저장되지 않기 때문에 식사를 통해 섭취해야 한다. 미국사료협회(AAFCO)에 따르면, 조단백질 함량은 생후 1년 이하 자견용 사료는 22.5% 이상, 생후 1년 이상 성견용 사료는 18% 이상이어야 한다. 하지만 이것은 최소한의 기준이다. 어린 강아지는 조단백질이 28% 이상, 성견은 22% 이상인 사료를 선택하는 것이 좋다. 특히 운동량이 많거나 임신, 수유 중인 강아지는 더 많은 단백질이 필요하다. 조단백 비율이 높은 사료일수록 등급이 높고 가격도 비싸다. 물론 단백질 함량이 높다고 해서 모든 강아지에게 좋은 것은 아니다. 신장 기능이 떨어지는 노령견이나 식사를 제한해야 하는 비만견이라면 단백질 섭취를 제한해야 한다. 사료만으로 부족하다면 간식이나 영양제 등으로 보충해준다.

◇ 사료의 등급

사료의 등급은 오가닉(유기농), 홀리스틱, 슈퍼 프리미엄, 프리미엄, 일반 사료 등으로 나뉜다. 그러나 이것은 사료업계나 소비자들이 사용하는 구분일 뿐, 명확한 기준에 따른 것이 아니다. 따라서 광고 문구에 현혹되지 말고 등급보다는 뒷면의 성분을 꼼꼼히 살펴보고 고르는 것이 좋다. 높은 등급의 비싼 사료라고 해서 무조건 좋은 게 아니다. 강아지의 나이와 활동량, 그리고 경제적인 측면 등을 고려해서 선택한다.

❻ 필수 영양소

◇ 단백질

지방, 탄수화물과 함께 주요 에너지 공급원으로 근육, 뼈, 털, 면역계통 등을 구성하는 데 관여한다. 단백질을 분해하면 아미노산이 되는데 이 아미노산이 몸에 좋은 영향을 끼친다. 따라서 사료를 선택할 때 아미노산 함량이 충분한지를 확인한다. 육류 및 생선류, 유제품, 달걀과 같은 동물성 식품에 많이 함유되어 있으며 식물성 식품 중에는 콩류, 견과류에 많이 들어 있다.

◇ 지방

지방은 무조건 좋지 않다고 생각하기 쉬우나 꼭 필요한 영양소 중 하나다. 탄수화물 및 단백질과 비교하여 더 농축된 에너지원일 뿐만 아니라 지용성 비타민을 운반하고 음식 맛을 좋게 해주며 생체 조절에도 중요한 역할을 한다. 사람과 마찬가지로 강아지 역시 오메가3계 지방산과 오메가6계 지방산을 체내에서 만들 수 없기 때문에 음식으로 섭취해야 한다. 아마씨유, 콩기름, 견과류, 씨앗류, 연어, 고등어 등에 들어 있다.

◇ 탄수화물

모든 사료에 포함되는 영양소 중 하나다. 체내 특히 뇌와 신경세포에 포도당을 공급해주는 에너지원이다. 또한 강아지가 포만감을 느끼게 해주며, 장운동을 촉진하고, 변비를 예방하는 섬유질을 제공한다. 그러나 많이 먹으면 비만, 당뇨, 심혈관 질환 등의 원인이 될 수 있으니 적당히 섭취한다.

◇ 비타민과 미네랄

비타민은 피부병과 빈혈을 예방하고 영양소 이용을 높이는 역할을 한다. 미네랄은 골격을 형성하고 빈혈을 예방하기 때문에 어린 강아지에게 더욱 필요하다. 평소에 신선한 과일과 채소와 함께 육류, 어류, 유제품 등의 동물성 식품을 골고루 섭취한다면 그것으로 충분하다. 그러나 노령견이나 임신 및 수유 중인 어미개는 보충해주어야 한다.

◇ 물

강아지에게 물은 매우 중요하다. 물만 잘 먹이고, 또 강아지의 물 먹는 상태만 잘 관찰해도 강아지를 건강하게 키우는 데 도움이 된다. 이처럼 물은 신생견 몸무게의 70~80%, 성견 몸무게의 50~70%를 차지하는 주요 영양소 중 하나다. 그렇다면 건강을 위해 하루에 물을 얼마나 먹어야 할까?

소형견(몸무게 10kg 이하) – 몸무게 1kg당 60ml

중형견(몸무게 11~25kg) – 몸무게 1kg당 50ml

대형견(몸무게 26kg 이상) – 몸무게 1kg당 40ml

한눈에 확인하는 탈수 증세 T I P

- 시도 때도 없이 물을 벌컥벌컥 마신다.
- 잇몸이 건조하고 끈적거리며 창백하다.
- 눈이 쑥 꺼지고 건조하거나 코가 말라 있다.
- 임시방편으로 이온 음료를 먹여보고, 상황이 나아지지 않으면 병원으로 데려간다.

물 섭취량 늘리는 방법

TIP

- 건식 사료와 습식 사료를 섞어 먹인다. 건식 사료에는 하루 물 섭취량의 8%가, 습식 사료에는 75%가 함유되어 있다.
- 건식 사료를 먹을 때 반드시 물을 챙겨주거나 건식 사료에 소금기 없는 육수를 섞어준다.
- 집 안 여러 곳에 물그릇을 놓아두거나 자동 급수기를 이용한다.
- 여름에는 탈수가 일어나기 쉬우니 물을 더 많이 마실 수 있도록 환경을 조성한다.

예를 들어 강아지의 몸무게가 4kg이라면 하루 240ml를 마시게 해주면 된다. 물론 강아지의 몸 상태나 날씨, 기온, 섭취한 음식 등에 따라 물을 마시는 양은 차이가 있다. 강아지가 물을 마시고 싶어 하면 그때그때 주도록 한다.

물이 부족하면 피부, 신장, 심장 등에 좋지 않은 영향을 미칠 수 있다. 특히 임신 및 수유 중인 강아지는 탈수가 올 수 있으므로 항상 깨끗한 물을 마실 수 있도록 해주어야 한다. 건식 사료를 주로 먹는 강아지는 만성적인 수분 부족이 발생하거나 피부 질환이나 요로결석이 생길 수 있으니 주의한다. 물은 수돗물이나 생수면 충분하고 수분이 포함된 음식(습식 사료)을 주는 것도 좋다.

강아지가 언제든 신선한 물을 마실 수 있도록 해주는 것이 중요하다. 장시간 집을 비우거나 편리성을 생각한다면 자동 급수기도 고려해볼 만하다.

❼ 사료 바꾸기

강아지가 성장하고, 노화가 진행되면 필요한 영양소와 칼로리가 달라지고 그에 따라 사료 또한 바꿔주어야 한다. 사료를 바꿀 때는 1주일 정도 시간을 두고 서서히 바꾸도록 한다. 첫날은 기존 먹던 것은 3/4, 새로운 것은 1/4을 주다가 차츰 새로운 사료의 비율을 높여간다. 마지막 날은 100% 새로운 사료로 준다. 갑자기 사료를 바꾸면 설사를 하거나 장에 문제가 생길 수 있으니 주의한다. 만약 건강에 문제가 생긴다면 수의사의 처방을 받도록 한다.

◇ 사료 구입과 보관법

사료를 개봉하고 나서 4~6주 이내(최대 3개월 이내)에 먹일 수 있는 양을 구입하는 것이 좋다. 예를 들어 몸무게가 2kg인 소형견은 2~3kg 소포장이 적당하다. 가능하면 1개월 내에 먹을 만큼의 소량을 구입한다. 개봉과 동시에 맛과 향이 떨어지고 일부 영양소는 산패가 진행될 수 있기 때문이다. 또한 사료는 봉지채 보관하기보다는 밀폐 용기에 담아서 서늘한 곳에 보관하는 것이 좋다. 되도록 냉장 보관은 하지 않는다.

캔이나 파우치 같은 습식 사료는 개봉을 하면 가능한 한 그날 다 먹도록 하고, 부득이하게 남은 사료는 밀폐 용기에 담아 냉장 보관한다. 냉장 보관한 사료를 줄 때는 데우거나 따뜻한 물을 소량 섞어서 준다.

◇ 제한급식과 자율급식, 어떤 방법이 좋을까

제한급식은 보호자가 제때 식사를 챙겨주는 것을 말하고, 자율급식은 강아지가 언제든 먹을 수 있게 그릇에 밥을 채워놓는 것을 말한다. 어떤 방법이 더 나을까?

먼저 제한급식은 보호자가 직접 식사를 챙겨주므로 강아지가 얼마나 먹는지, 그리고 먹는 것과 관련하여 건강에 이상은 없는지 등을 알 수 있다. 어린 강아지의 경우 규칙적인 식사는 배변 훈련을 하기에도 용이하다. 비만인 강아지의 다이어트에도 도움이 된다. 반면에 강아지가 양껏 먹을 수 없어 늘 배가 고픈 것처럼 느껴질 수 있다.

자율급식은 강아지가 먹고 싶을 때 언제든 자유롭게 배불리 먹을 수 있다는 장점이 있다. 식탐이 많고 제한급식에 갑갑함을 느꼈던 강아지에게 더없이 좋을 것이다. 사료를 잘 먹지 않거나 운동량이 많은 강아지, 스스로 음식 조절이 가능한 성견에게 적합하다. 반면에 음식에 대한 통제가 되지 않아 비만이 되기 쉽고, 보호자가 관찰을 할 수 없으니 먹는 것과 관련하여 어떤 문제점이 있는지 알기 어렵다. 특히 혈당 조절이 쉽지 않아 건강 문제가 생길 수도 있다. 또한 늘 사료가 있다는 사실을 알기에 먹는 것에 대한 욕구와 흥미를 잃어버릴 수도 있다.

두 방법은 장단점이 명확하다. 그러나 어느 것이 좋고, 어느 것이 더 나쁘다고 말하기는 어렵다. 강아지의 성향과 보호자의 생활 패턴 등을 고려하여 선택하는 것이 바람직하다. 어린 강아지라면 처음에는 마음껏 먹을 수 있게 자율급식을 하다가 어느 정도 자라거나 중성화수술을

• 자율급식을 하면 안 되는 강아지 •

○ 자신의 변을 먹는 행동(식분증)을 보이는 강아지
○ 식탐이 너무 강해서 쓰레기통을 뒤지는 강아지
○ 제 시간에 식사를 챙겨주지 못하거나 오랜 시간 집을 비우는 보호자의 강아지
○ 음식을 놓고 자주 싸우는 두 마리 이상의 강아지
○ 공복 시간이 길어지면 헛구역질을 자주 하는 강아지

• 자율급식을 하면 좋은 강아지 •

○ 평소 자주 짖거나 환경 변화에 예민한 강아지
○ 살이 너무 많이 찐 강아지
○ 식탐이 강해서 보호자에게도 공격성을 보이는 강아지
○ 보호자에 대한 과도한 애정관계가 형성된 강아지

한 뒤에는 제한급식으로 바꿔도 된다. 제때 밥을 주는 것이 어렵다면 타이머로 식사 시간 조절을 조절할 수 있는 자동급식기를 이용하는 방법이 있다.

2 간식

강아지용 간식에는 캔사료, 치즈, 쿠키, 껌, 뼈, 육포, 수제 간식 등이 있다. 그러나 간식은 대체로 칼로리가 높아서 많이 먹게 되면 영양 불균형은 물론 비만이 되기 쉽다. 게다가 사료는 먹지 않고 간식만 먹으려는

잘못된 식습관을 만들 수도 있다. 특히 이유식을 먹는 어린 강아지는 소화력이 약해서 토할 수도 있으므로 생후 3개월 이후에 주는 것이 좋다. 간식을 줄 때는 하루 필요 칼로리의 10%를 넘지 않도록 하고, 과일이나 채소 등 몸에는 좋지만 살은 덜 찌는 재료를 선택하는 것도 방법이다.

❶ 개껌

'강아지 간식' 하면 가장 먼저 떠오르는 것이다. 대부분 식용 소가죽으로 만들어졌으며, 최근에는 우유나 고기 등이 배합된 다양한 기능성 제품이 나오고 있다. 다른 간식들보다 오래 씹을 수 있고 이갈이 중인 어린 강아지(생후 3~7개월)나 성견들의 스트레스 해소에 도움이 된다. 치석 제거와 충치 예방, 입 냄새 제거에도 좋다. 강아지의 나이나 치아 상태, 씹는 습관 등을 고려하여 구입하고, 개껌이 강아지의 한입에 들어갈 정도로 작아지면 새것으로 바꾸어준다.

❷ 사사미·저키

고기를 건조하여 육포나 스틱 형태로 만든 것이다. 닭고기를 비롯하여 소고기, 오리고기, 연어, 단호박, 고구마, 무염 치즈 등 다양한 재료로 만든다. 육포는 단단해서 강아지의 치아 건강에 좋고, 칼슘과 인이 첨가된 제품은 성장기 강아지의 뼈 건강에도 도움이 된다.

❸ 캔사료

주식으로도 사용할 수 있다. 건식 사료와 혼합 급여하면 맛은 물론 영양 면에서도 좋다. 닭고기, 소고기, 연어, 참치 등의 재료에 정제수 또는 비타민 등 일부 건강한 재료를 첨가하여 만든다. 강아지가 아주 좋아하며, 훈련을 할 때 보상으로 주는 경우가 많다.

❹ 쿠키

강아지의 치석 제거와 잇몸 건강에 효과가 좋은 간식이다. 씹을 때의 촉감과 맛 때문에 좋아한다. 부드러운 질감의 간식을 좋아하는 강아지들에게 인기가 높다. 치즈나 버터 등 열량이 높은 재료가 들어가기 때문에 너무 많이 주지 않도록 한다.

❺ 소시지

강아지들이 좋아하는 간식이지만 말랑말랑해서 잇몸에 쉽게 끼기 때문에 치아 건강에는 좋지 않다. 임신 중이거나 수유 중일 때 영양 간식으로 주면 좋다. 강아지에게 간식을 주기 전에 성분을 꼼꼼히 살핀 후 알맞은 제품으로 정량을 주도록 한다.

❻ 수제 간식

강아지의 건강과 교감을 생각한다면 집에서 직접 간식을 만들어 먹이는 것도 좋다. 흰살생선, 북어, 멸치, 쇠고기, 과일 및 채소 등을 건조기에 말려서 먹기 쉽게 잘라준다. 쿠키나 비스킷도 좋은 재료를 사용하여 강아지 취향에 맞게 딱딱하거나 부드럽게 만들어준다. 일반 밀가루보다 혈당 지수가 낮고 섬유소가 풍부한 통밀가루로 빵이나 케이크를 만들어주거나 건강에 도움이 되는 식재료로 주스를 만들어 먹인다면 충분한 수분 공급과 함께 영양도 챙길 수 있다. 그 밖에 햄이나 고기, 채소 같은 재료를 익혀서 사료 위에 올려주면 강아지의 입맛을 돋울 수 있다.

◇ 간식을 꼭 줘야 할까

우리는 주식과 간식을 구분해서 먹는다. 그러나 강아지에게는 간식이나 주식의 개념이 없다. 즉, 주식이든 간식이든 '먹을 것'일 뿐이다. 하지만 가끔 간식이 필요할 때가 있다. 입맛이 없는지 사료가 몸에 안 맞는지 도통 먹지 않는 강아지에게 기호성이 높은 간식은 필요한 영양을 보충해 줄 수 있고, 강아지가 먹기 싫어하는 약이나 영양제 등을 간식에 섞어서 손쉽게 먹일 수도 있다. 강아지에게 간식을 꼭 줘야 하는 것은 아니지만, 함께 급여한다면 영양 보충과 함께 먹는 즐거움을 주게 될 것이다.

3 영양제

밥과 반찬만으로 모든 영양소를 충족시키기 어렵듯이 강아지도 사료만으로는 모든 영양이 충족되지 않는다. 게다가 관절이 좋지 않거나 털이나 피부가 눈에 띄게 푸석거리고, 특정 질병의 예방이나 완화를 고민한다면 사료 외에 보완해줄 무언가를 찾게 된다. 바로 영양제다. 그런데 영양제의 종류가 너무 많아서 어떤 것을 골라야 할지 판단이 쉽지 않다. 또한 몸에 좋다고 이것저것 조합해서 먹이면 오히려 부작용을 불러올 수 있다는 경고도 무심히 넘길 수 없다. 강아지에게 필요한 주요 영양제와 잘 먹이는 방법에 대해 살펴보자. 영양제를 고를 때 역시 내 강아지의 종 특성이나 나이, 질환 등을 고려하여 맞는 것을 선택해야 한다.

❶ 관절 영양제

강아지의 관절 때문에 걱정이 많거나 노령견이 있는 집이라면 관절 영양제에 관심이 있을 것이다. 퇴행성 관절 질환이든 아니면 슬개골 탈구든 관절에 이상이 생기면 세포의 보조 역할을 하는 재료가 필요하게 되는데, 그 중요한 재료가 글루코사민과 콘드로이틴이다. 특히 콘드로이틴은 연골 파괴 효소의 작용을 억제하는 역할도 한다. 관절 영양제를 고를 때는 이들 성분이 고루 들어 있는지(글루코사민 100% 제품보다는 콘드로이틴, 글루코사민, MSM, 콜라겐 등이 고루 든 제품이 좋다), 성분 함량이 적절한지, 원산지 등을 따지도록 한다.

이들 성분은 큰 부작용이 없고 장기 투여가 가능하며 소화기 증상을 보인다는 보고가 있지만 용량을 줄이면 보통 괜찮아진다. 다른 약물과 병용할 수 있고 다양한 제품이 출시되어 있어 기호성이나 체중에 따라 고르도록 한다. 성견 기준으로 하루에 글루코사민은 약 40mg/kg, 콘드로이틴은 약 30mg/kg을 두 번에 나누어 준다.

주요 제품 : 인핸서, 유한양행 프로모션420, 코세퀸, 조인트맥스 등

❷ 피부 및 피모 영양제

피부와 피모(털)의 건강에는 햇빛과 신선한 공기만큼 도움이 되는 것도 없다. 그러나 계절적인 요인이나 시간 부족으로 산책을 자주 못하거나 노화로 인해 털이 예전 같지 않고, 이런저런 피부 질환으로 고생한다면 영양제를 먹여보자. 만능 영양제로 알려진 오메가3는 피부 및 피모에도 좋은데, 그중 연어 오일 제품에 이 지방산이 많이 들어 있다. 코코넛 오일, 올리브 오일도 식사에 소량 섞어주면 좋다. 그 밖에 연어나 정어리 등 기름기 많은 생선, 귀리(오트밀), 체리, 치아시드, 아마씨 오일, 달걀, 켈프(해조류) 등 천연 재료도 도움이 된다. 영양제를 선택하기 이전에 사료를 바꾸어 먹이는 것도 방법이다.

주요 제품 : 마이뷰, 뉴트리벳 스킨 앤 코트, 테라코트, 맥시덤 등

❸ 장 영양제(유산균)

강아지의 건강한 소화와 원활한 배변, 면역력 개선, 아토피 증상의 완화 등을 위해서는 장 영양제를 먹여보자. 소형견은 변비에 걸리기 쉽고 가스가 많이 찬다. 이때 유산균이 도움이 된다. 알레르기를 유발하는 인공 첨가물이 들어 있지 않은 제품을 선택하고, 지나치게 많이 섭취하면 설사를 일으킬 수 있으니 주의한다. 구토가 잦고, 변 냄새가 심하며, 설사나 변비가 잦은 강아지에게 유용하다. 설사를 하거나 분변 냄새가 심할 때는 권장량보다 2배가량 더 먹이도록 한다.

주요 제품 : 닥터 머콜라, 리얼비피더스, 아조딜 등

그 밖에 눈 건강, 암 예방, 간, 항산화제, 비타민 등 영양제 종류가 많다. 영양제는 치료제라기보다는 특정 질환 및 증상을 예방하고 완화할 목적으로 먹이는 보조제다. 따라서 몸에 좋다고 이것저것 욕심껏 먹이기보다는 어려서부터 종합영양제 하나를 먹이고 자라면서 필요에 따라 부족한 부분을 보완해주도록 한다.

아무리 좋은 음식도 적절히 먹으면 약이 되고 도를 넘으면 독이 된다. 영양제도 예외가 아니다. 특정 영양분은 과잉 섭취할 경우 도리어 해가 될 수 있다. 예를 들면 수용성 비타민은 과잉 섭취해도 체외로 배출되지만 지용성 비타민은 체내에 축적되어 독성을 가진 성분으로 바뀔 수 있다. 게다가 아직 영양제에 대한 인증기관이 없어 어느 정도가 적정 급여량인지, 어떤 원료를 믿고 구매해야 할지 알 수 없다. 방부제나 화학 첨

가물, 색소 등도 구매 시 살펴야 하는 사항이다. 따라서 영양제를 먹이고자 할 때는 먼저 수의사와 상담한 후에 구입하도록 한다.

4 먹이면 좋은 음식, 먹여서는 안 되는 음식

❶ 먹이면 좋은 음식

식품	효능
고구마	특히 변비가 있는 강아지에게 도움이 된다.
호박	단호박과 애호박 모두 강아지에게 좋다.
껍질콩	칼로리가 낮아서 다이어트 중인 강아지에게 좋다.
사과	껍질째 먹으면 항산화 효과는 물론 비타민 A, 비타민 C, 섬유소 등을 섭취할 수 있다. 다만 사과 씨에는 독성이 있으니 조심해야 한다.
달걀	단백질, 리보플라빈, 셀레늄이 많이 들어 있다. 소화불량으로 고생하는 강아지에게 좋다. 단, 흰자는 반드시 익혀서 주도록 한다.
두부	단백질이 풍부하다. 고기에 알레르기 반응을 보일 경우에 좋다.
연어	오메가3가 풍부해 피부와 털 건강에 좋다. 날것은 기생충 감염 위험이 있으므로 반드시 익혀서 준다.
아마씨	오메가3와 섬유소가 풍부해서 피부와 털 건강에 좋다.
오트밀	콜레스테롤을 억제하고 몸의 저항력을 높인다.
맥주 효모	비타민 B가 풍부해서 피부와 털 건강에도 도움이 된다.

❷ 먹여서는 안 되는 음식

식품	문제 요인과 증상
포도와 건포도	강아지에게 먹여서는 안 되는 대표적인 과일이다. 포도나 건포도는 소량만 섭취해도 급성신부전 증세를 일으킨다. 사람들이 먹고 남긴 포도 껍질이나 포도즙뿐만 아니라 건포도가 들어 있는 빵이나 쿠키를 먹고도 문제를 일으킬 수 있으니 주의한다.
우유	강아지에 따라 설사를 하거나 소화기계 문제를 일으킬 수 있다.
뼈와 생고기	강아지가 뼈를 씹다가 부서지거나 쪼개진 뼈로 인해 질식하거나 소화기관에 손상을 입을 수 있다. 간혹 족발을 먹고 난 후 큰 뼈를 주는 경우가 있는데 단단한 뼈를 씹다가 이빨에 금이 갈 수 있다.
양파, 파, 마늘	매운 맛이 나는 채소에 들어 있는 티오설페이트 성분이 강아지의 적혈구를 파괴해 빈혈과 호흡 곤란을 일으킬 수 있다. 양파가 들어간 짜장면이나 짬뽕 국물, 만두, 햄버거 패티 등도 좋지 않다. 짜장면이나 짬뽕 그릇을 문 앞에 내놓을 때 강아지가 먹지 않도록 조심한다.
아보카도	아보카도에는 페르신이라는 성분이 있는데, 독성이 매우 강하다. 조금만 먹어도 구토와 설사를 할 수 있으므로 주의한다.
알코올(술)	알코올을 분해하는 효소가 없기 때문에 절대 술을 먹여서는 안 된다. 증편(술빵)처럼 발효가 되면서 알코올이 발생하는 음식도 주의한다.
초콜릿, 카페인	카페인에 들어 있는 메틸잔틴이라는 성분은 구토, 설사, 과민 반응, 과호흡 등을 유발한다. 초콜릿에는 이보다 적은 양의 메틸잔틴이 들어 있지만, 초콜릿에 함유된 테오브로민이라는 성분과 함께 작용하여 구토와 근육 경련 등의 문제를 일으킨다. 특히 베이킹 재료로 판매되는 초콜릿은 함량이 높아 강아지에게 더욱 위험하다.
마카다미아 너트	몇 알만 먹어도 강아지 신장에 무리가 가며 구토나 떨림, 고열, 호흡 곤란 등의 증세가 나타날 수 있다.
자일리톨	껌이나 사탕에 들어 있는 자일리톨 성분은 저혈당과 구토, 행동 장애, 무기력 등을 유발할 수 있다. 사람이 먹는 자일리톨 껌을 강아지가 먹는 사고가 나는 경우도 있고, 강아지용 치약과 간식에도 자일리톨이 들어 있을 수 있으므로 확인하고 구매한다.

사람과 마찬가지로 강아지도 많이 먹으면 살이 찌고 그것은 곧 각종 질병으로 이어지게 된다. 요즘은 몸에 좋다는 영양소를 넣은 사료를 골라 먹이고, 고단백질이나 고열량 간식을 시시때때로 먹이면서 강아지의 비만이 문제가 되고 있다. 그렇다면 내 강아지가 살이 쪘는지, 아니면 괜찮은 상태인지를 어떻게 알 수 있을까?

가장 일반적이고 손쉬운 방법은 시각과 촉각 등을 이용하여 강아지의 신체 상태를 살펴보는 것이다. 이것을 신체 충실 지수(Body Condition Score, BCS)라고 하며, 5단계 또는 9단계로 분류한다. 이 지수를 이용하여 강아지의 비만 여부를 판단해보자. 살이 얼마나 쪘는지를 알기 힘든 털북숭이 강아지라면 특히 잘 살펴야 한다. 비만은 수명과 삶의 질을 낮추고, 각종 질병의 원인이 되기 때문에 평소에 잘 관리해야 한다.

❶ 강아지의 몸 상태 확인하기

1. 매우 야윔   2. 야윔   3. 이상적   4. 과체중   5. 비만

1. **매우 야윔 :** 갈비뼈와 등뼈, 골반뼈 등이 그대로 드러나서 앙상해 보인다. 위에서 봤을 때 허리가 심하게 잘록하고, 복부에 지방층이 거의 없다.

2. **야윔:** 갈비뼈와 등뼈가 손으로 쉽게 만져진다. 허리선이 들어가 있으며, 복부가 약간 치켜 올라가 있다. 복부에 지방층이 거의 없다.

3. **이상적:** 손으로는 갈비뼈가 만져지지만 눈으로는 갈비뼈가 보이지 않는다. 위에서 보면 허리가 적당하게 잘록하며 옆에서 보면 복부가 약간 올라가고 배가 팽팽하다.

4. **과체중:** 지방이 많아서 갈비뼈가 잘 만져지지 않는다. 허리선이 있지만 뚜렷하지 않고 복부와 꼬리에 피하 지방이 있다.

5. **비만:** 갈비뼈와 등뼈가 두툼한 지방으로 덮여 있어 거의 만지기가 어렵다. 위에서 보면 허리가 둥그스름하고 옆에서 보면 복부가 불룩하다. 걸으면 뱃살이 출렁인다.

이처럼 갈비뼈, 옆구리, 배의 형태를 통해 강아지의 비만 여부를 확인할 수 있다. 갈비뼈가 잘 만져지고, 위에서 내려다봤을 때 허리가 잘록하며, 옆에서 봤을 때 배가 약간 올라가고 팽팽하면 이상적인 몸이라고 할 수 있다. 다만, 불도그나 퍼그처럼 비만인지 아닌지 쉽게 구별하기 힘든 강아지는 발등이나 엉덩이를 쓰다듬어서 뼈가 만져지면 양호한 상태라고 할 수 있다. 몸무게로도 어느 정도 비만 여부를 확인할 수 있지만 BCS로 촉진을 해보고, 보다 정확한 진단과 처방을 위해서는 병원을 방문하도록 한다.

❷ 왜 비만견이 될까

‧ 과도한 칼로리 섭취

하루에 먹어야 하는 칼로리 이상을 섭취하면 살이 찐다. 고칼로리의 간식이나 사료를 자주 먹는다면 당연히 비만으로 이어질 것이다.

‧ 운동 부족

요즘 강아지들은 주로 실내 생활을 해서 움직임이 많지 않다. 꾸준히 산책을 하거나 운동을 하지 않는다면 살이 찔 수밖에 없다.

‧ 유전적 요인

불도그, 리트리버, 비글, 복서, 닥스훈트, 바셋 하운드, 퍼그 등은 비만 유전자를 가지고 있다. 게다가 활동량이 많은 만큼 식사량도 많은데, 양껏 먹게 해준다면 살이 찔 것이다. 일반 강아지보다 더 특별한 관리가 필요하다.

‧ 중성화수술

중성화수술 후 몸무게가 급격히 증가할 수 있다. 수컷은 고환을 제거하고 암컷은 난자와 자궁을 적출하는데, 이들 장기는 성호르몬을 분비하기 때문에 에너지를 많이 필요로 한다. 따라서 이 장기를 제거하면 호르몬 분비를 못하게 되므로 신체에 필요한 에너지가 줄어들게 된다. 같은 양을 먹어도 수술 전보다 몸무게가 증가할 수밖에 없는 것이다. 수술

후에는 사료의 열량을 10~20%가량 줄이고 운동을 계속하면서 비만을 관리해주어야 한다.

❸ 비만으로 걸리기 쉬운 질병

1. 과체중으로 인해 어릴 때부터 무릎 관절이 좋지 않은 경우가 많다. 소형견은 몸무게가 늘면서 무릎이 탈구되어 다리를 못 쓰게 되기도 한다.

2. 디스크에 걸릴 가능성이 높다. 특히 몸통이 길고 다리가 짧은 웰시 코기 같은 품종은 디스크에 걸릴 가능성이 높기 때문에 미리 체중 관리를 해주어야 한다.

3. 갑상선이나 부신 등의 내분비계 질환이 발생한다.

4. 고혈압, 당뇨 등의 성인병은 물론 지방간이 발생할 수 있다. 지방간은 처음에는 증상이 없다가 점점 지방이 축적되면서 간에 지방이 끼면서 여러 가지 문제가 일어난다. 기관지 주변에 지방이 쌓여 기도가 협착되기도 한다. 기도 협착은 유전적인 요인으로 생기기도 하지만 비만이 이를 악화시킨다. 기도가 협착된 강아지는 산책할 때 유난히 숨을 헐떡이게 되니 비슷한 증세를 보인다면 검사해보자.

5. 복강 내 지방이 과도하게 많은 경우 간단한 수술도 힘들어질 수 있다.

6. 운동 능력이 저하된다. 조금만 움직여도 숨이 차고, 등산은 언감생심이다.

7. 그 밖에 암, 담석증, 신장 질환, 변비, 방광 결석, 피부병 등의 질환을 일으킬 수 있다.

❹ 다이어트 실시하기

강아지가 살이 쪘다고 해서 먹이던 양을 임의대로 줄여서 주어서는 안 된다. 그보다는 저칼로리 사료로 바꾸고, 고칼로리 간식은 줄이며, 다이어트용 영양제를 추가하는 방법을 고민한다. 강아지가 어제 먹던 맛있는 간식을 달라고 조를 때는 좋아하는 놀이나 산책 등으로 관심을 돌려보자.

1. 현실적인 감량 목표를 세운다. 매주 1~2%씩 감량하는 것이 이상적이다. 조금씩 몸무게를 줄여야 요요 현상이 일어나지 않고 살도 다시 쉽게 찌지 않는다.

2. 매일 30분 이상 운동이나 놀이, 산책 등을 한다.

3. 하루에 사료 10알만 더 먹여도 4.5kg의 소형견은 1년에 0.5kg이 증가한다. 따라서 사료를 그릇에 대충 부어 주지 말고 계량컵을 사용해 정확한 양을 준다.

4. 정확히 계산한 사료를 여러 번에 걸쳐 나누어 준다. 집을 비울 때는 타이머가 달린 자동 급식기를 이용해서 강아지가 제때 식사를 하게 해준다.

5. 탄수화물 함량은 낮고 수분과 지방, 단백질 함량은 높은 습식 사료를 건식 사료와 혼합 급여한다. 만약 간식을 준다면 사료의 양은 그만큼 줄이도록 한다.

6. 칼로리가 높은 시판 간식 대신 직접 양배추나 브로콜리, 당근 등을 찌거나 퓌레로 만들어서 사료와 함께 준다. 갑자기 사료의 양을 줄이면 강아지가

예민해지고 사나워지는 경우가 있으니 열량이 낮은 사료를 자주 주어 시각
적으로라도 만족감을 준다.

7. 콩 장난감 등을 이용해 간식도 먹이고 운동도 하게 한다. 일석이조의 효과
가 있다.

◇ 다이어트에 좋은 운동

• 산책

가장 쉽게 할 수 있는 운동이자 놀이이며 정서적으로 교감도 나눌 수
있다. 산책을 할 때는 목줄을 짧게 잡고 직선 운동을 시키도록 한다. 똑
바로 걸어갔다가 똑바로 돌아오는 것이 중요하다.

• 수영

관절에 무리를 주지 않으면서 근력을 키워준다. 관절염이 있는 강아
지에게 특히 좋다. 강아지가 물을 싫어한다면 욕조에 체중의 1/3 정도
되는 물을 받아 운동을 시키다가 차츰 물을 더 넣어준다. 수영을 한 다
음에는 반드시 털을 꼼꼼히 말려준다.

• 마사지

혈액 순환을 돕고 배설 기능을 원활하게 하는 마사지를 통해 에너지
소모를 늘릴 수 있다. 배설 기능을 촉진하는 림프마사지를 해주면 다이
어트 효과가 높아진다.

다이어트 사료 현명하게 선택하기

다이어트 사료는 식이섬유가 풍부해 칼로리가 낮으면서도 포만감을 준다. 적당한 단백질을 제공해 기초대사량과 근육량을 높여 쉽게 살찌지 않는 체질로 만들어준다. 또한 주재료가 지방이 많은 오리나 양보다는 닭고기, 연어 등의 생선류인 것이 좋고, 탄수화물 함량이 높은 옥수수나 밀, 쌀이 주재료인 것은 피한다. 다만 신장이나 간이 좋지 않은 강아지는 단백질을 많이 섭취하면 위험할 수 있으니 주의해야 한다. 만약 건강 때문에 다이어트 사료를 줄 수 없다면 일반 사료를 주되 양을 줄이고 포만감을 위해 물을 조금 타서 주거나 익힌 채소를 잘게 썰거나 갈아서 사료와 함께 준다. 이것이 힘들다면 습식 사료를 주면 덜 배고파 한다.

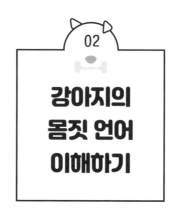

강아지의 몸짓 언어 이해하기

'우리 강아지는 대체 무슨 생각을 하고 있을까?'

강아지를 키우는 사람이라면 누구나 이런 생각을 해봤을 것이다. 강아지가 무슨 생각을 하는지, 무엇을 원하는지 늘 궁금하기 때문이다. 사실, 강아지는 늘 우리에게 말을 걸고 있다. 바로 보디랭귀지, 몸짓 언어를 통해서다.

두려울 때는 귀를 뒤로 젖히고, 위협할 때는 귀를 세워 앞으로 내민다. 짖는 소리도 기쁘거나 뭔가를 요구할 때, 고통을 표현할 때, 동료를 부를 때, 화를 낼 때가 다 다르다. 꼬리는 가장 적극적인 의사표현의 수단이다. 흔드는 정도와 높낮이를 통해서 자신의 기분을 솔직하게 표현한다. 우리가 조금만 관심을 갖고 지켜본다면 강아지가 무슨 말을 하는지, 혹시 아프거나 외롭지는 않은지 등을 빨리 알아차릴 수 있을 것이다.

강아지가 평소 편안한 상태일 때 몸짓이 어떤지 안다면 방어하거나 공격할 때 몸짓 언어가 어떻게 달라지는지를 알 수 있다. 다음은 강아지의 기본적인 몸짓 언어 유형이다. 다만, 강아지의 귀 형태나 위치, 주둥이의 길이, 꼬리의 길이 등에 따라 다를 수 있으므로 강아지의 전체적인 상황을 보고 판단해야 한다.

• 안정
귀를 쫑긋 세우고 있지만 앞쪽을 향하지는 않는다.
입 주변 근육이 이완되어 있다.
꼬리는 자연스럽게 내리고 있다.

• 방어
귀를 뒤로 젖힌다.
콧잔등에 주름이 생긴다.
동공이 커지고 입이 벌어진다.
자세를 낮춘다.
꼬리를 내려서 다리 사이로 넣는다.

• 공격

귀를 바짝 세운다.

콧잔등에 주름이 생긴다.

동공이 커지고 입이 벌어진다.

자세를 높인다.

꼬리를 바깥쪽으로 말아올린다.

• 스스로를 진정시키기

귀를 뒤로 젖힌다.

혀를 날름거린다.

달래는 행동을 취한다.

자세를 낮춘다.

꼬리를 내린다.

• 항복

다른 곳을 본다.

귀를 뒤로 젖힌다.

누운 채 배를 보인다.

꼬리를 다리 사이에 넣는다.

2 울음소리

• 멍멍

어떤 것을 경계하거나, 놀랐거나 흥분했을 때 귀를 바짝 세우고 긴장한 상태에서 짖는다. 반면에 기분이 좋을 때는 부드럽고 짧게 '멍멍!' 소리를 반복한다.

• 으르렁

공격하기 전에 내는 소리로 귀를 세우고 꼬리를 높게 위로 끌어 올린 후 으르렁 소리를 연속으로 내어 상대를 위협한다. 그러고 나서 크게 짖는 것도 상대를 위협하기 위한 것이다.

• 깨갱

두렵거나 아플 때 낸다. 다른 강아지에게 물리는 등 육체적인 고통이 가해졌을 때나 갑자기 엄습한 공포심에 놀라서 도망칠 때 이런 소리를 낸다.

• 끙끙(낑낑)

고통을 표현한다. 낮은 소리로 슬프게 호소하듯이 운다. 이때는 강아지를 잘 살펴보고 아프다면 병원에 가야 한다.

- **끄응끄응**

슬프거나 외롭고 불안한 기분을 나타낸다. 어린 강아지가 어미개와 떨어져 있을 때 이런 소리를 내기도 한다.

- **월월**

멀리 있는 동료를 부르는 소리로, 밤중에 길게 소리를 끌면서 짖는 것이 특징이다.

3 카밍 시그널

카밍 시그널(Calming Signal)은 '차분한 신호'라는 뜻으로, 강아지가 나쁜 일을 예방하거나 긴장과 공포를 불러일으키는 사람이나 다른 강아지로부터 도망치고 싶을 때 사용하는 몸짓 언어의 하나다. 또한 스트레스를 받거나 불안을 느낄 때 자신을 진정시키기 위해서, 그리고 상대에게 잘 지내자는 의도를 전달할 때도 사용한다. 대표적인 카밍 시그널은 다음과 같다.

- **고개 또는 몸 돌리기**
"부담스러우니 진정해요."

- **바닥 쿵쿵거리기**

"난 모르는 일이에요."

- **배 보이기**

"당신이 정말 좋아요."

- **하품**

"진정하세요."

- **뒷다리로 몸통 긁기**

"불안해요."

- **기지개 자세 취하기**

"같이 놀아요."

- **코 핥기**

"괜찮아."

- **끼어들기**

"그만하세요."

- **엎드리기**

"피곤하니 진정해요."

- **느린 동작**

"해치지 않아요."

❀ 4 스트레스 시그널

강아지는 지능도 높고 풍부한 감정도 느끼므로 스트레스를 받기 쉽다. 강아지가 스트레스를 받는 이유는 덥거나 추워서, 운동을 못해서, 아이가 시끄럽게 소리를 질러서, 목줄이 조여서, 몸이 아파서 등 다양하다. 강아지는 아파도 내색을 잘 하지 않는 인내심 강한 동물이지만, 행동이나 표정 등 다양한 방법으로 스트레스 신호를 보낸다. 그 신호를 제때 알아차리고 적절하게 대처를 해준다면 스트레스 강도가 낮아지고 다른 질환의 원인이 되는 것을 막을 수 있을 것이다.

◇ 왜 스트레스를 받을까

지루하거나 심심하다.

몸이 아프다.

혼자 있어 외롭다.

왜 야단을 맞아야 하는지 모르겠다.

◇ 스트레스를 받을 때 보이는 증상

졸리지 않은데도 자꾸 하품을 한다.

설사를 하거나 배변 실수가 잦아진다.

밥을 잘 먹지 않는다.

앞발이나 특정 부위를 계속해서 핥는다. 발바닥에서 땀이 난다.

눈을 제대로 뜨지 않거나 시선을 회피한다.

갑자기 공격적인 반응을 보인다.

귀가 뒤로 젖혀져 있다.

자신의 꼬리를 잡으려고 빙글빙글 돈다.

외부 소음에 유난히 크게 반응한다.

가족을 반기지 않고 모르는 척하거나 지나치게 응석을 부린다.

◇ 스트레스 해소 방법

산책이나 운동을 충분히 한다.

노즈워크(nose work, 코로 냄새를 맡으며 하는 모든 활동) 같은 스트레스를 해소해줄 수 있는 놀이를 한다.

동물병원에 데려가서 검사를 받는다.

관심과 사랑을 쏟는다.

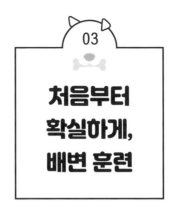

처음부터
확실하게,
배변 훈련

Part2에서 강아지의 배변 훈련에 대한 기본적인 것들을 살펴보았다. 첫 단추를 잘 꿰어야 옷을 잘 입을 수 있듯이 입양 초기에 제대로 훈련을 시켜야 강아지와 트러블 없이 생활할 수 있다. 훈련소에 찾아오거나 방문 교육을 요청할 때 가장 많이 의뢰하는 것이 배변과 관련된 것이다. 그만큼 강아지를 키울 때 배변은 중요하면서도 쉽지 않은 문제다. 그렇다면 어떻게 하면 보다 쉽고 확실하게 배변 훈련을 할 수 있을까?

1 배변 훈련 전 살펴야 할 것

❶ 강아지의 감정 살피기

배변 훈련을 시작하려면 강아지가 정서적으로 안정되어 있어야 한다. 강아지가 집에 온 지 얼마 되지 않았다면 아직 적응하는 중일 것이다. 대부분의 강아지는 본능적으로 배변 장소를 찾는데, 보호자가 원하지 않는 장소인 경우가 많다. 이렇게 한번 잘못 길들여진 습관은 쉽게 고쳐지지 않을 것이고, 보호자는 1주일 또는 2주일의 배변 훈련 계획을 세워서 당장 실천하고 싶을 것이다.

그러나 기다려주자. 강아지에게는 새로운 환경에 적응할 시간이 필요하다. 그리고 아직 어린 강아지다. 2~3일가량 지켜보면서 강아지의 배변 습관이나 주기를 살펴보고 그에 맞게 훈련 계획을 세워도 늦지 않다. 강아지를 대하는 다른 모든 일이 그렇듯 배변 훈련도 오랜 시간과 인내심, 그리고 사랑이 필요하다.

배변 훈련은 여름에! T I P

강아지는 여름보다 겨울에 더 자주 소변을 본다. 여름에 물을 더 많이 먹지만, 체온을 낮추기 위해 혀를 내밀어 헉헉거리면서 수분을 증발시킨다. 그래서 겨울보다 배설하는 수분이 적다. 따라서 여름에 배변 훈련을 시작하는 것이 좋다.

❷ 연령별 배변 습관 이해하기

◇ 생후 8∼15주

강아지의 사회화 교육 시기이자 배변 훈련을 하기에도 적기다. 생후 8∼16주에 훈련을 시작하는 것이 좋으며, 대체로 이 시기의 강아지는 2시간마다 소변을 본다. 이때 시작하는 훈련이 완벽하기를 기대해서는 안 된다. 강아지의 근육 중 대장 근육과 괄약근이 가장 늦게 발달하는데, 이 시기에는 그 근육이 아직 발달하지 않아 자주 실수할 수 있기 때문이다. 강아지가 대소변을 잘 가리지 못하더라도 인내심을 갖고 천천히 가르치도록 한다.

◇ 생후 4개월∼1년

배변 훈련을 시도했다가 실패하는 일이 잦다. 어린 강아지에서 성견으로 자라는 때여서 그동안 배변을 잘 해오던 강아지도 실수를 하곤 한다. 호르몬 변화 때문이다. 또한 이 시기에 중성화수술을 하게 되는데, 그 후유증으로 인해 배변에 문제가 생기기도 한다. 따라서 실수를 해도 야단을 치기보다는 칭찬과 격려를 해주는 것이 바람직하다. 시간이 지나면서 소변과 대변 횟수가 줄어들고 간격도 넓어지면서 배변 훈련도 자리를 잡아간다. 소변 주기는 생후 4∼6개월은 6∼7시간, 생후 6∼12개월은 7∼8시간이다. 대변은 먹는 양에 따라 다르지만 대체로 하루에 1∼2번을 본다.

◇ 생후 1~7년

이제 안정기에 접어들었다. 흥분되거나 긴장감을 느끼는 상황에서는 물론, 장시간 자동차를 타거나 집에 혼자 있을 때에도 배설 충동을 잘 조절할 수 있다. 이사 등으로 인한 급격한 환경 변화나 보호자가 바뀌지 않는 한 거의 배변 실수를 하지 않는다. 만약 실수를 한다면 스트레스 때문이거나 분리불안 등 감정을 표현하는 수단일 가능성이 높다. 이 시기까지 불안정한 배변 습관을 보인다면 훈련 방법이 적절하지 못했거나 좋지 않은 식습관 때문일 수 있으니 다시 한 번 살펴보도록 한다.

2 꼭 알아야 할 기본 배변 훈련

하나의 요리라도 요리사에 따라 조리법이 다르듯, 배변 훈련 방법도 훈련사마다 제각기 다르다. 책이나 인터넷에도 수많은 방법이 나와 있다. 이렇게 훈련법이 많은 이유는 강아지마다 성향이나 학습 능력에 차이가 있고 보호자가 어떻게 하느냐에 따라서 달라지기 때문이다. 우리 강아지를 아직 배워야 할 것이 많은 어린 아이라고 생각하자. 그럼 훈련 도중 잘 안 되더라도 쉽게 실망하지 않을 것이다.

다음은 사람들이 많이 이용하는 배변 훈련 방법이다. 이 방법들을 참고하여 내 강아지에게 맞는 훈련법을 찾아보자.

❶ 내 강아지에게 맞는 훈련법은?

◇ 울타리 활용하기

1. 식사를 한 후(또는 자고 일어난 후, 물을 마신 후, 놀고 난 후 등) 강아지를 배변 패드를 깔아놓은 울타리 안으로 들어가게 한다.

2. 강아지가 배변을 할 자세를 취하면 '쉬' 또는 '화장실' 등 강아지가 기억하기 쉬운 말을 반복하여 들려주면서 배변을 유도한다.

3. 배변에 성공하면 간식을 주고 칭찬을 해준다.

◇ 배변 유도제 활용하기

1. 배변 패드나 배변판 등 화장실로 사용하는 장소에 배변 유도제를 1~2회 뿌려둔다. 유도제를 너무 많이 뿌리면 집 안이 암모니아 냄새로 가득하니 주의한다.

2. 배변 시간이 되면 강아지를 유인해서 배변할 때까지 기다린다.

3. 배변에 성공하면 역시 간식과 함께 칭찬을 해준다.

◇ 배변 패드 활용하기

1. 강아지가 자주 배변을 하는 장소에 배변 패드를 넓게 깔아둔다.

2. 배변 신호를 보이면 패드에 간식을 떨어뜨려서 강아지가 패드 위로 올라가게 한다.

3. 배변에 성공하면 역시 간식과 함께 칭찬을 해준다.

4. 패드의 개수를 점차 줄이면서 그곳을 화장실로 인식하게 한다.

◇ 신문지 활용하기

1. 강아지가 자주 배변을 하는 장소에 신문지를 넓게 깔아둔다.

2. 강아지가 배변을 하면 신문지를 조금씩 줄여간다. 새로운 신문지 아래에 배변 냄새가 묻은 신문지를 넣어둔다.

3. 보호자가 원하는 곳으로 배변 위치를 옮긴다.

❷ 실내 기본 훈련법

위의 훈련법 중에서 강아지의 스트레스를 줄이면서 비교적 쉽게 할 수 있는 방법은 배변 패드를 이용하는 것이다. 강아지는 새로운 환경과 이동에 스트레스가 있을 때에도 배설 욕구를 느끼면 코를 바닥에 대고 킁킁거리거나 빙빙 도는 등 신호를 보낸다. 이때 미리 넓게 깔아둔 패드에 간식을 놓고 유인해서 볼일을 보게 한다. 그리고 볼일을 마치면 아낌없이 칭찬을 해준다.

배변 훈련의 시작은 강아지에게 화장실 개념을 알려주는 것이다. 입양 초기에 이 사실만 인지시켜도 강아지 배변에 따른 문제를 많이 줄일 수 있다.

◇ 울타리와 배변 패드를 모두 활용하는 훈련법

1. 울타리 한쪽에 배변 패드를 넓게 깔아둔다. 하우스와 화장실은 멀수록 좋다. 강아지가 대소변이 마려운 듯 코를 바닥에 대고 킁킁거리며 돌거나 흙 파는 시늉을 하면 간식을 이용하여 패드로 유인한다.

2. 배변 자세를 취할 때마다 '쉬' 또는 '화장실' 같은 말을 해서 대소변을 유도
   해준다. 어린 강아지는 배변 주기가 짧고 배변 조절 능력이 떨어지기 때문
   에 금세 볼일을 본다.

3. 강아지가 볼일을 마치면 밝은 목소리로 칭찬을 해준다. 이때 머리를 가볍
   게 쓰다듬거나 목덜미를 부드럽게 만져줘도 좋다.

4. 배변을 한 후에는 패드를 바로 바꿔준다. 강아지는 후각이 예민해서 패드
   에서 냄새가 나면 엉뚱한 곳에서 볼일을 볼 수도 있다. 만약 자주 바꾸기가
   어렵다면 소변 흡수율이 빠르고 탈취 효과가 뛰어난 패드를 사용한다.

5. 패드가 아닌 곳에 실수를 해도 소리를 지르거나 야단치지 않도록 한다. 그
   럼 강아지는 무조건 참거나 숨어서 배변을 볼 수도 있고, 심하면 배변을 먹
   을 수도 있다. 만약 실수를 했다면 재빨리 닦고 그곳에 새 패드를 깔아준다.

6. 강아지가 패드에 발만 걸치거나 패드 주변에 볼일을 본다면 보다 깨끗한
   곳에서 볼일을 보기를 원한다는 의미다. 이런 행동을 반복하면 더 자주 패
   드를 바꿔준다.

❸ 강아지 혼자 두고 외출할 때의 배변 훈련

강아지 혼자 집에 두고 출근을 하거나 장시간 외출을 해야 할 때 걱정
이 이만저만이 아닐 것이다. 아직 어린 강아지가 밥은 잘 먹을지, 배변
은 제대로 할지, 심심해하지는 않을지, 이런저런 걱정에 쉽게 발걸음이
떨어지지 않는다. 집에 돌아와서 여기저기 싸놓은 대소변으로 인해 스
트레스를 받고 싶지 않다면 평소에 훈련을 해둬야 한다.

강아지를 두고 외출할 때는 울타리를 이용한다. 울타리 안에 켄넬(하우스)과 화장실을 두고, 켄넬에서는 밥을 먹고, 배변 패드나 배변판에서는 배변을 보게 한다. 켄넬 훈련이 잘된 강아지라면 별 문제 없이 지낼 것이다.

그러나 강아지가 몇 시간씩 좁은 울타리 공간에서 지내기란 쉽지 않다. 아무리 강아지가 좋아하는 장난감이나 간식 등을 챙겨둔다고 해도 말이다. 이럴 때는 훈련 방식을 바꾸는 것도 방법이다. 강아지가 배변할 때까지 기다리는 것이 아니라 보호자의 생활 패턴에 맞게 습관을 들이는 것이다. 식사 시간을 조절하여 출근 전, 퇴근 후에 배변을 보게 한다. 또한 사료를 종이컵에 조금씩 나눠 담아서 침대 아래나 소파 사이에 숨겨놓거나 노즈워크 담요에 숨겨서 찾아 먹게 한다.

3 실외 배변

강아지의 실내 배변이 꺼려진다면 실외에서 배변하도록 훈련해보자. 실외 배변은 강아지의 본능에 따른 자연스럽고도 편한 방법이라서 따로

강아지가 화장실로 착각하기 쉬운 물건 TIP
- -
카펫, 이불, 소파, 바닥에 둔 수건이나 의류, 현관이나 부엌, 화장실의 매트

훈련할 필요도 없다. 배변할 때가 되면 배변판이나 배변 패드로 안내하는 대신 밖으로 데리고 나가면 되기 때문이다. 배변 시간을 산책 시간에 맞춘다면 자연스럽게 실외에서 볼일을 볼 것이다. 다만, 배변 봉투와 비닐장갑, 물을 챙겨서 배설물을 깨끗이 치워야 한다.

실외 배변은 장점이 많지만 단점도 있다. 특히 출근을 하는 직장인이나 오랫동안 자주 집을 비우는 사람이라면 제때 산책을 시키기가 쉽지 않다. 실외 배변이 습관이 되면 실내 배변으로 되돌리기가 어렵고, 비가 오거나 눈이 오는 등 기상 조건이 좋지 않아도 배변을 위해 밖으로 나가야 하는 번거로움이 있다.

❶ 실외 배변 유도하기

모든 강아지가 처음부터 실외 배변을 잘하는 것은 아니다. 생후 2세 미만의 강아지는 실내 배변에 완벽하게 적응했다고 해도 하루에 서너 번 꾸준히 산책을 나가면 자연스럽게 실외 배변을 한다. 그러나 산책을 자주 하지 않고 실내 배변이 습관화된 강아지라면 실외 배변이 쉽지 않다. 이럴 때는 흥분하면 배변을 하는 강아지의 습성을 이용해보자. 달리기를 하거나 원반던지기를 하는 등 힘껏 놀아준 다음에 배변 냄새가 묻은 것을 놓아둔 곳으로 데려가는 것이다. 그러면 강아지는 자연스럽게 배변을 하게 된다. 이때에도 칭찬하고 보상하는 것을 잊지 않는다.

❷ 어린 강아지의 실외 배변

아직 어린 강아지도 실외 배변이 가능할까? 다음 산책 편에서도 이야
기하겠지만, 백신 접종이 완료되지 않은 어린 강아지는 체내의 면역 체
계가 완전히 확립되지 않아 전염성 질환에 쉽게 노출될 수 있다. 따라서
외출 자체를 자제해야 한다. 그렇다고 아예 외출을 하지 않는다면 중요
한 사회화 교육 시기를 놓칠 수 있으므로 3차 예방접종 이후에 짧게 외
출을 하면서 배설 신호를 보낸다면 배변을 하게 해준다.

배변 훈련 시 칭찬하기

배변에 성공하면 재빨리(2~3초 이내) 칭찬을 해주고, 보상으로 간식이나 사료를 준다. 만
약 실수했더라도 혼을 내기보다는 칭찬을 해준다. 그래야 강아지는 더욱 훈련을 잘하게 되
고, 긴장하지 않고 볼일을 볼 것이다.

매일의 즐거움,
산책하기

이제 새로운 환경에 어느 정도 적응했다면 슬슬 강아지와 함께 밖으로 나가보자. 대부분의 강아지에게 산책은 최고의 놀이이자 운동이다. 잔디밭이나 모래에서 마음껏 뛰거나 뒹굴고, 신선한 풀 냄새도 맡을 수 있다. 다른 강아지들과도 만난다. 원반을 던지고 물어오는 도그 스포츠인

프리스비와 공놀이도 할 수 있다. 성장 발달에도 도움이 되고, 스트레스도 없앨 수 있는 산책. 오늘은 또 어떤 즐거운 일이 기다리고 있을지 설레는 마음으로 문 밖을 나서보자.

1 언제부터 산책을 할까

강아지는 언제부터 바깥나들이를 할 수 있을까? 전문가들은 5차 예방접종을 마친 후 본격적으로 산책을 하라고 말한다. 일반적으로 생후 45일부터 시작해서 생후 4개월 무렵까지 예방접종을 완료하는데, 그전에 돌아다니게 되면 면역력이 약해서 질병에 걸릴 수도 있기 때문이다.

그렇다면 예방접종을 마치기 전까지는 집 안에서만 생활해야 할까? 만약 그렇게 된다면 강아지의 삶에서 중요한 사회화 시기(생후 3~12주)를 놓치게 된다. 길에서 만나는 강아지들에게 이유 없이 으르렁거리고 사람들에게 이빨을 드러내거나 짖는 것은 사회화 교육이 제대로 이루어지지 않았기 때문에 나타나는 행동일 수 있다.

따라서 사회화 교육이 덜된 경계심 많고 사회성이 부족한 강아지가 되지 않게 하려면 어릴 때(예방접종 3차 이후)부터 강아지 전용 캐리어나 유모차에 태우거나 안아서 짧게 외출해보자. 밖에 어떤 것이 있는지, 어떤 소리가 들리는지, 어떤 냄새가 나는지 등을 직접 느끼게 해주는 것이다. 본격적인 산책은 5차 예방접종(생후 4개월 무렵) 후 강아지의 컨디션이 좋고 날씨가 화창하고 미세먼지가 없는 날을 택해서 하도록 한다.

2 산책 시간

산책 시간은 어느 정도가 적당할까? 강아지에 따라 산책에 대한 선호도나 체력, 연령 등이 다르기 때문에 그에 맞게 시간을 정한다. 일반적으로 최소한 1주일에 3회, 하루에 1~2회가 적당하다. 만약 시간을 낼수 없어 1주일에 한 번만 산책할 수 있다면 그것은 산책이 아니라 여행이라고 불러야 할 것이다. 어린 강아지는 5차 예방접종이 끝난 후에 본격적으로 산책을 시작하고, 노령견이나 심장 질환이 있는 강아지는 수의사와 상담 후에 산책 여부 및 시간을 결정하도록 한다.

산책을 할 때는 오래, 많이 걷는다고 해서 좋은 게 아니다. 특히 산책에 익숙하지 않은 어린 강아지라면 산책 시간이나 거리보다는 마음껏바깥세상을 구경하게 해주는 것이 중요하다. 그리고 산책이 무섭지 않다는 인식을 심어주는 것이 좋다. 산책 장소로 시끄러운 거리나 다른 강아지나 사람이 많은 곳은 피하도록 한다. 가능하면 강아지가 걷는 속도에 맞춰주되 지나치게 빨리 뛴다면 목줄을 잡아당겨서 완급을 조절해준다.

여름과 겨울에도 산책을 하는 것이 좋다. 다만 한낮 기온이 30도가 넘어가는 여름에는 이른 아침이나 늦은 오후, 저녁이나 밤에 산책을 한다.

겨울에는 30분 이내가 적당하다. 차가운 날씨에 실외에 오래 있으면 저체온증에 걸릴 수 있으니 주의한다. 산책 전에는 미지근한 물을 충분히 마시게 해서 탈수를 일으키지 않게 예방한다.

3 산책 전 준비

❶ 인식표, 마이크로칩

외출 전에 강아지의 목에 보호자 연락처가 적힌 인식표를 달아주거나 동물병원에서 마이크로칩 시술을 해준다. 태어난 지 3개월 이상 된 강아지는 동물 등록을 해야 한다. 등록 방법에는 내장형 무선식별장치 개체 삽입(마이크로칩), 외장형 무선식별장치 부착, 등록 인식표 부착이 있다.

마이크로칩 시술은 큰 쌀알 크기의 마이크로칩을 강아지의 견갑골 피부 아래에 삽입하는 것으로, 칩의 수명이 25년 정도로 반영구적이다. 강아지를 잃어버렸을 때를 대비해서 주소나 연락처가 바뀔 경우 등록 사이트에서 업데이트를 해줘야 한다. 여기에 보호자의 이름, 주소, 동물

동물 등록 방법	내장형 마이크로칩	외장형 전자식별장치	외장형 인식표
등록 병칭			

등록 번호 등이 인식표나 목걸이를 해준다면 별 걱정 없이 외출할 수 있을 것이다.

❷ 목줄, 가슴줄, 리드줄

외출할 때 꼭 챙겨야 하는 것 중 하나가 목줄이다. 목줄은 강아지 자신뿐만 아니라 보호자, 그리고 다른 사람을 위한 배려이기도 하다. 몸집이 작거나 얌전하다고 해서 목줄을 하지 않고 외출하는 경우가 있는데, 강아지는 언제 어떤 상황에서 돌발 행동을 할지 알 수 없다. 따라서 외출 전에 목줄 훈련을 해서 익숙하게 한 다음 바깥으로 나가도록 하자.

일명 '개줄'은 목에 하느냐 가슴에 하느냐에 따라 다르게 불린다. 목에 하는 줄은 '목줄', 가슴에 하는 줄은 '가슴줄' 또는 '하네스'라고 한다. 리드줄은 목줄이나 가슴줄에 연결하는 줄이다. 줄의 재질도 가죽이나 면,

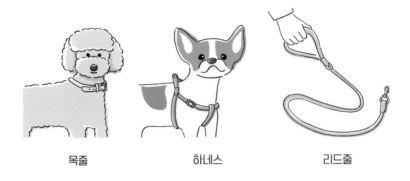

목줄   하네스   리드줄

금속 등 여러 가지다.

강아지에 따라 하네스(가슴줄)와 목줄을 달리 착용해야 한다. 하네스는 목줄에 익숙하지 않은 어린 강아지, 기관지가 약한 강아지, 가볍게 산책하는 노령견 등에게 적합하고, 목줄은 하네스에 적합한 강아지를 제외한 대부분의 강아지, 지나치게 활발한 강아지, 가정에서 키우는 대형견 등에게 적합하다.

목줄을 선택할 때는 디자인도 중요하지만 강아지의 나이, 크기, 성격 등을 먼저 고려해야 한다. 목줄 사이즈는 '강아지 목둘레+5~8cm'가 적당하다. 강아지의 목둘레를 잰 다음 너무 조이거나 느슨하지 않은 제품을 선택한다. 가슴줄은 어린 강아지나 소형견에게 적합하나 성장기 강아지는 골격이 계속 자라는 중이므로 잘못 착용하면 골격을 압박할 수 있으니 주의한다. 리드줄은 자동과 수동으로 나뉘는데, 자신에게 맞는 것을 선택하도록 한다.

산책을 위해서 집 밖으로 나설 때 줄은 어느 정도로 잡아야 할까? 사

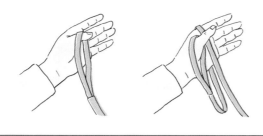

• 리드줄 잡는 방법 •

1. 왼손 엄지손가락에 리드줄의 고리 부분을 끼운다.
2. 리드줄의 긴 부분을 손 안으로 잡고 한 바퀴를 돌려준다.
3. 리드줄이 강아지가 움직일 수 있는 범위가 되면 검지에 걸쳐 고정해준다(리드 줄이 J가 되게 약간 여유를 준다).

람이 많이 다니는 곳에서는 줄을 짧게 잡고, 공원이나 강아지 놀이터 등 사람이 없는 곳에서는 자유롭게 활동할 수 있도록 줄을 길게 잡는다. 줄을 너무 풀어주면 급박한 상황이 생길 때 강아지를 제어하기 어렵고, 너무 짧게 잡으면 강아지의 움직임을 지나치게 압박하게 되어 스트레스를 받게 할 수 있기 때문이다. 상황에 따라 줄을 짧게 또는 길게 잡으면서 강아지와 행복한 산책을 해보자.

❸ 기타

◇ 목줄 훈련

처음에는 리본을 묶어서 익숙해지게 한 다음 강아지가 어느 정도 적응하면 목줄을 해준다. 자세한 훈련 방법은 182페이지 '목줄에 익숙해지기' 설명과 동영상을 참조한다.

◇ 배변 봉투

펫티켓을 위해서는 배변 봉투와 비닐장갑, 휴지, 물을 반드시 챙기도록 한다. 소변 본 자리는 물을 뿌려서 흔적이 남지 않도록 하고, 배변은 봉투에 담고 배변한 자리는 휴지나 물티슈로 닦는다.

◇ 물

산책 중 강아지의 혹시 모를 탈수에 대비하여 물통에 물을 담아 간다. 열사병에 걸렸거나 체온이 많이 올라갔을 때는 발바닥에 물을 묻혀주면 체온을 낮출 수 있다.

하네스 vs. 목줄, 어떤 것이 좋을까?

T I P

- **하네스 사용을 권장하는 경우**
  기관지가 약한 강아지, 가볍게 산책하는 노령견, 마약 탐지견이나 군견 등의 목적으로 전문 훈련을 받은 강아지, 목줄에 대한 거부감을 줄이고자 안전줄 적응이 필요한 어린 강아지 등

- **목줄 사용을 권장하는 경우**
  하네스에 적합한 강아지를 제외한 대부분의 강아지, 지나치게 활발한 강아지, 제어나 훈련이 필요한 강아지, 일반 가정에서 키우는 대형견 등

⁴ 산책 시 주의할 점

강아지에게 목줄도 하고 인식표도 착용했다. 이제 밖으로 나가면 된다. 그런데 어찌 된 일인지 강아지가 현관 밖으로 나가려 하지 않는다. 목줄을 억지로 잡아당기면 겁을 먹을 수 있으므로 이럴 때는 품에 안고 밖으로 나와 천천히 걷는다. 강아지가 어느 정도 안정된 것 같으면 바닥에 내려놓는다. 그러고는 강아지가 킁킁거리면서 냄새를 맡고 발걸음을 떼기 시작하면 칭찬하고 격려해준다. 산책 경험이 적은 어린 강아지는 이렇게 짧게 자주 데리고 나가는 것이 좋다. 강아지와 산책 시 주의할 점, 즉 다른 강아지나 사람을 만났을 때, 자동차를 맞닥뜨렸을 때, 횡단보도 등에서 어떻게 해야 하는지를 살펴보자. 그리고 내 강아지에게 이상적인 산책 코스를 찾는 방법도 알아보자.

❶ 산책하기 좋은 곳

어린 강아지(또는 소심한 성격의 성견)와 산책할 때는 사람이 많거나 자동차가 많이 다니는 큰 도로는 피한다. 갑자기 복잡하고 낯선 환경에 맞닥뜨리면 불안해할 수도 있기 때문이다. 처음 산책을 한다면 가볍게 집 근처를 돌아다녀보자. 아파트 내 산책로도 좋고, 주택가에 산다면 사람의 왕래가 드문 골목길도 괜찮다. 가능하면 흙과 나무, 풀이 있는 곳이 좋다. 그리고 마음껏 냄새를 맡고 자유롭게 돌아다니게 한다. 산책을 하다가 강아지가 갑자기 무서워한다면 안아주어 안정을 취한 뒤 걷게 한다.

이렇게 몇 번 반복하다 보면 산책이 즐겁다는 사실을 인식하게 될 것이다. 주말에 한 번 강아지가 피곤할 정도로 길게 산책을 하는 것보다는 매일 짧게라도 규칙적으로 하는 것이 좋다.

호기심이 많고 탐험을 즐기는 강아지는 매일 같은 길로 산책을 한다면 지루해할까? 그렇지 않다. 만약 강아지가 지루해하지 않을까 걱정되어 매일 다른 길로 다닌다면 강아지는 오히려 지나치게 흥분된 상태로 외부 자극에 쉽게 휩쓸릴 수 있다. 따라서 때로는 새로운 길로, 때로는 다니던 길로 적당하게 완급 조절을 해서 산책의 재미를 알게 해준다. 산책 코스보다 중요한 것은 얼마나 자주 산책을 하는가이다.

❷ 산책 시 주의할 점

◇ 다른 강아지를 만났을 때

밖으로 나와 산책을 하다 보면 크고 작은 강아지들을 많이 만난다. 덩치 큰 강아지에게 겁을 먹기도 하고, 때로는 상대 강아지를 향해 짖어대기도 한다. 아직 어린 강아지에게는 복잡한 바깥세상과 다양한 강아지들을 어떻게 상대해야 할지 혼란스럽기만 하다. 그러나 어린 강아지일수록 호기심이 많고 활동적이며, 또래 강아지와의 만남에도 적극적이다. 따라서 그에 맞게 교육을 시킨다면 산책도 즐기고 강아지 친구들도 많이 사귀는 사교성 좋은 강아지가 될 수 있다.

산책 중에 다른 강아지가 마주 온다면 리드줄을 짧게 잡고 2미터 전부터 빠른 걸음으로 이동한다. 이때 강아지는 바깥쪽에 보호자는 안쪽에

위치해서 사람끼리 스쳐 지나간다. 만약 강아지가 다른 강아지에게 관심을 보인다면 리드줄을 풀어 자연스럽게 만나게 한다.

강아지들은 정면이 아니라 옆으로 접근해서 상대의 엉덩이에 머리를 들이밀고 냄새를 맡는다. 바로 강아지 식 인사법이다. 엉덩이 냄새로 성별은 물론 면역 상태, 건강 상태, 먹은 음식 등 상대의 정보를 확인한다. 그러나 모든 강아지들이 엉덩이 냄새 맡는 것을 좋아하는 것은 아니다. 이렇게 인사가 끝나고 서로 관심이 있으면 같이 놀 수도 있고, 아니면 마저 가던 길을 갈 것이다. 아직 강아지의 산책은 끝나지 않았다. 다른 강아지들의 배변 냄새를 꼼꼼하게 맡고 그 위에 자신의 흔적을 남기기도 한다. 이때 빨리 가자고 채근하지 말고 느긋하게 지켜보자. 강아지는 그 순간에도 세상을 알아가는 중이다.

◇ 낯선 사람을 만났을 때

산책을 하다 보면 예쁘거나 귀엽다는 이유로 다짜고짜 강아지를 만지

다른 강아지에게 물렸다면

는 사람이 있다. 이러한 행동은 강아지에게 불쾌감을 줄 뿐만 아니라 사회화 교육이 덜 된 강아지는 불안해할 수도 있다. 낯선 사람을 물 수도 있다. 따라서 산책 시 강아지 못지않게 사람도 에티켓을 지켜야 한다.

낯선 사람과의 만남에 익숙해지게 하려면 지인에게 도움을 청해보자. 기왕이면 강아지를 키우거나 키운 경험이 있는 사람이 좋다. 지인을 만났을 때 강아지에게 "앉아"를 시킨다. 그런 다음 강아지의 줄을 건네주고 3보 이상 물러난다. 강아지와 지인만 있게 하는 것이다. 만약 보호자가 같이 있을 경우 보호자를 지인으로부터 보호하고자 짖거나 물 수도 있다. 주먹을 가볍게 쥐고 강아지가 냄새 맡기를 기다린다. 강아지가 다가와서 냄새를 맡으면 강아지의 앞가슴부터 천천히 부드럽게 귀 뒤로 해서 머리를 쓰다듬어준다.

◇ 횡단보도를 건너갈 때

도시에 사는 사람이라면 집 앞을 조금만 벗어나도 자동차를 만나고 도로와 횡단보도를 마주치게 된다. 따라서 미리 이에 대한 훈련을 해두는 것이 좋다.

횡단보도 앞에서 사람 무리의 맨 뒤쪽에 앉아 기다리게 한다. 신호등이 바뀌고 사람들이 5보 이상 걸어갔을 때 뒤따라간다. 사람들이 바로 앞으로 가면 강아지는 긴장해서 멈춰 서거나 횡단보도 중간에 서서 배변 실수를 할 수 있기 때문이다. 이러한 횡단보도 교육은 한 번 나올 때마다 연속적으로 3~4회 반복한다. 그 다음 "앉아, 기다려, 가자"의 순으로, 사람이 건너야만 건널 수 있다는 것을 인지시킨다. 강아지와 단둘이 있을 때도 5초 정도 기다린 후 건너간다.

도로를 지날 때도 조심해야 한다. 자동차 통행량이 드문 곳이라도 반드시 리드줄을 해서 강아지가 갑자기 차도로 뛰어드는 일을 막아야 한다. 교통사고는 순식간에 일어난다. 가능하면 자동차의 흐름을 등지고 산책을 한다.

◇ 특별한 장소 만들어두기

산책을 하다 보면 자주 가는 장소가 생긴다. 반려견 놀이터나 공원, 또는 아파트 단지 내 산책로 어느 곳이든 좋다. 그 장소에 있는 나무나 기둥 몇 곳에 끈이나 손수건을 묶어둔다. 산책할 때마다 그 자리에서 강아지가 좋아하는 간식을 준다. 이것은 산책을 하다 리드줄을 놓쳤을 경우, 강아지가 나무와 수건, 그리고 간식의 연상 기억을 이용해 이곳을 찾아오게 하기 위한 것이다. 이곳에서 20~30분 정도 간식을 주고 놀아주면서 장소를 기억하게 한다.

5 산책 후 관리

즐거운 산책에서 돌아왔다고 해서 하루 일과가 끝나는 것은 아니다.
바깥에서 오염물질이나 진드기를 묻혀오지 않았는지 확인해야 한다.

• 강아지가 산책을 두려워한다면 •

산책하는 것에 두려움을 느끼거나 거부감을 보이는 강아지들이 있다. 왜 그럴까?
강아지는 태어난 지 8~10주 무렵 두려움이라는 감정이 생기는데, 이때 산책 등을
통해 다른 동물과 사람, 차 등 낯선 환경을 접하고 긍정적으로 받아들이게 하는
것이 좋다. 다만, 산책을 좋아하는 강아지로 키우기 위해 어릴 때부터 지나치게
밖으로 데리고 나가는 경우가 있는데, 아직 어린 강아지는 체내의 면역 체계가 완
전히 확립되지 않아 전염성 질환에 쉽게 노출될 수 있으므로 주의해야 한다.
이렇게 바깥세상을 두려워하는 강아지를 억지로 데리고 나간다면 오히려 역효과
가 나타날 수 있다. 산책에 대한 두려움이 더욱 커지는 것이다. 이럴 때는 간식 등
으로 유도해보자. 처음에는 강아지가 안심하고 편히 쉴 수 있는 공간에서 간식 등
으로 상을 주면서 차츰 현관, 현관 앞, 건물 입구 등으로 이동하는 것이다. 처음에
는 밖에서 짧게 머물다 돌아오고, 차츰 외출 횟수와 시간을 늘리면서 바깥 환경에
익숙해지게 한다.

진드기에 물렸을 때

봄이나 여름(5~9월)에 산이나 풀이 우거진 곳으로 산책을 다녀왔다면 진드기를 조심해야 하고, 겨울에 눈길을 걸었다면 염화칼슘으로 인해 발바닥에 상처를 입지 않았는지 살펴야 한다. 산책 후 관리 방법에 대해 살펴보자.

❶ 털 빗겨주기

산책 후 집에 돌아오면 먼저 털을 빗겨준다. 빗질을 하면서 혹시 진드기를 묻혀오지 않았는지를 확인한다. 털이 길다면 안으로 파고들 수 있으니 잘 살펴야 한다. 강아지가 평소보다 자주 긁는다면 꼼꼼히 살피고, 진드기를 발견하면 반드시 핀셋으로 진드기를 제거하고 소독 후 연고를 발라주되, 심한 경우 감염의 우려가 있으므로 병원에 데려간다. 산책 전이나 도중에 천연 진드기 기피제를 수시로 뿌려주는 것도 좋다.

얼굴과 발은 물수건이나 거즈로 닦아주고, 발바닥은 물 없이 사용할 수 있는 거품 세정제로 깨끗하게 관리해준다. 만약 빗속을 뛰어다녔거나 진창길을 걸었다면 목욕을 해주도록 한다. 씻긴 후에는 먼저 구석구석 물기를 닦아주고 시원한 바람으로 잘 말려준다. 특히 한여름에 뜨거운 아스팔트 바닥을 걸었거나 겨울에 눈 위를 걸었다면 화상을 입을 수 있으니 발바닥 관리를 잘 해줘야 한다.

❷ 수분 보충

황사나 미세먼지가 심한 날에도 산책을 나가는 게 좋을까? 전문가들은 가능하면 나가지 않는 것이 좋다고 말한다. 황사로 인해 결막염, 각막염, 기관지 질병에 걸릴 수 있기 때문이다. 날씨가 좋지 않은 날에 나갔다 왔다면 평소보다 물을 많이 먹게 한다. 또는 강아지가 먹을 수 있는 과일을 믹서에 갈아서 물과 섞어주면 달달한 맛 때문에 잘 먹는다. 사료를 물에 불려주거나 습식 사료를 주는 것도 좋다.

몸과 마음이
건강하게,
놀아주기

잘 노는 아이가 건강하고 똑똑한 것처럼 강아지도 잘 놀아야 몸과 마음
이 건강하게 자란다. 갓 태어난 강아지는 형제 강아지들과 어울려 놀면
서 뛰기, 점프하기, 물기, 레슬링, 냄새 맡기 등 다양한 놀이를 배운다.
뿐만 아니라 놀이를 통해서 강아지 사회의 규칙을 배우고, 사회성도 기
른다. 하지만 사회성을 기를 수 있는 시기 이전에 어미의 품을 떠났다면
이런 경험을 하지 못했을 것이다. 따라서 놀이를 통해 노는 것이 얼마나
즐거운지를 알려주며, 활동적인 강아지는 더욱 활달하게, 내성적인 강
아지는 자신감 있게 자랄 수 있게 도와야 한다. 실내와 실외에서 할 수
있는 간단한 놀이와 장난감 고르는 법 등을 살펴보자.

🌸 ① 실내놀이

찬바람이 부는 겨울이나 햇살이 따가운 한여름에는 산책을 나가기가 쉽지 않다. 호기심 많고 에너지 넘치는 강아지에게는 실내에서만 생활해야 하는 그 시간이 못내 지루할 것이다. 게다가 이 지루함은 스트레스를 불러오고 문제 행동을 일으키는 원인도 된다. 이때는 다양한 놀이를 해서 강아지의 지루함을 덜어주고 에너지도 소모시켜주자. 강아지를 혼자 두고 출근한다면 시간을 내어 놀아줌으로써 강아지의 외로움도 달래주고 유대감도 강화할 수 있을 것이다. 특별한 훈련이나 비싼 도구 없이도 할 수 있는 간단한 실내 놀이법이다.

❶ 노즈워크

노즈워크는 강아지의 뛰어난 후각을 이용하는 놀이다. 요즘 강아지들은 산책이나 운동할 때를 제외하고는 주로 실내에서 생활하므로 후각을 사용할 일이 많지 않다. 노즈워크는 후각을 마음껏 사용하게 하여 스트레스를 풀어주며 두뇌 발달에도 도움이 된다. 또한 먹이를 찾아 먹는 과정에서 성취감도 느낄 수 있다. 집에 있는 담요나 박스, 또는 시판되는 노즈워크 담요(코담요, 피톤담요, 스너플 매트, 초밥 매트 등)에 간식을 넣어두고 강아지가 스스로 찾도록 해보자.

◇ 노즈워크 놀이 방법

1. 잘게 자른 간식을 방 안 곳곳에 놓아둔다. 강아지가 보고 있어도 상관없다.

2. 강아지가 간식을 잘 찾아 먹으면, 다음에는 강아지가 보지 않을 때 간식을 숨긴다.

3. 담요를 깔고 그 밑에 장난감이나 간식을 둔다. 강아지가 냄새를 맡아서 찾으면 간식을 주고 칭찬한다.

4. 보상을 할 때 간식을 멀리 던져주고, 그 사이에 담요 밑에 있던 물건을 다른 곳으로 옮긴다.

- 간식 대신 좋아하는 장난감(공, 인형)을 숨겨놓고 찾게 해도 좋다.
- 이 놀이는 한 번으로 끝내지 말고 2주 정도 꾸준히 한다.
- 산책할 때 강아지가 여기저기 냄새 맡는 것도 노즈워크다. 산책 코스에 변화를 주면서 강아지를 더욱 신나게 해보자.
- 노즈워크 담요가 없다면, 간식을 넣은 종이를 구겨서 곳곳에 던져놓거나 박스에 간식을 넣어두고 찾게 해도 좋다.

◇ 노즈워크, 여기에 좋아요

분리불안 및 스트레스 해소에 좋다.

배변 교육에 도움이 된다.

낯가림이 심한 강아지의 사회화에 도움이 된다.

짖거나 물어뜯는 버릇을 예방한다.

치매 예방에 도움이 된다.

자존감이 높아지고 지적 만족감을 충족시킨다.

❷ 터그 놀이

장난감이나 물건 등을 잡아당기는(tug) 놀이다. 움직이는 것을 보면 쫓아가는 강아지의 사냥 본능을 이용하는 놀이로, 강아지들이 매우 좋아한다. 스트레스 해소는 물론 보호자와도 더욱 깊은 교감을 나눌 수 있다. 아직 어린 강아지에게 물어야 할 것과 물지 말아야 할 것을 알려주는 효과도 있다.

◇ 터그 놀이 방법

1. 장난감이나 수건 등 강아지가 물기 쉬운 물건을 준비한다.

2. 장난감을 움직여서 강아지의 추격 본능을 자극한다.

3. 강아지가 물고 흔들면 함께 밀었다가 당겼다가 하면서 놀아준다.

4. 놀이 중간중간, 그리고 마지막에 장난감을 강아지가 갖게 한다. 그래야 강아지는 사냥에 성공했다는 성취감을 느낀다.

- 딱딱한 장난감은 강아지의 입에 상처를 입힐 수 있다.
- 억지로 장난감을 빼앗지 않도록 한다.
- 어린 강아지는 목뼈가 약하기 때문에 장난감을 너무 세게 잡아당기거나 흔들지 않도록 한다.

◇ 터그 놀이, 여기에 좋아요

강아지가 장난감에 흥미를 갖는다.

사람 손을 물지 않게 예방할 수 있다.

물건을 마구 씹거나 한번 물면 놓지 않는 강아지의 교육에 좋다.

❸ 공놀이(물어오기)

실내에서 많이 하는 놀이 중 하나다. 데굴데굴 굴러가는 공을 맹렬하게 쫓아가는 강아지라면 언제 어디서든 재미있게 할 수 있다. 공을 던질 때 강아지가 맞지 않게 주의하고, 강아지의 시야 밖으로 공이 벗어나지 않게 한다. 너무 멀리 가면 공놀이에 대한 흥미를 잃을 수도 있기 때문이다. 매번 공을 던져주기 귀찮다면 공을 굴릴 때마다 간식이 하나씩 나오는 스낵볼을 이용해보자.

◇ 공놀이 방법

1. 놀이용 매트 위에서 리드줄을 짧게 잡고 놀이를 시작한다.

2. 공(또는 장난감)을 살짝 던져서 강아지가 물어오게 한다.

3. 강아지가 공을 물어오거나 보호자 앞에 놓으면 간식을 주고 칭찬을 해준다.

4. 강아지가 공을 물어왔을 때 빼앗으려고 해서는 안 된다. 강아지가 공을 안 주려고 하면 외면하고 다른 공을 가지고 논다. 다른 더 재미있는 놀이가 있다는 것을 알려주는 것이다. 강아지가 관심을 보이면 주고받기를 한다.

5. 매트 안에서 노는 것이 익숙해지면 리드줄을 풀고 놀이를 한다. 공을 던져서 강아지가 물어오면 훈련이 완료된 상태다.

6. 놀이 시간은 5분 정도가 적당하다. 매트를 치워서 놀이가 끝났음을 알려준다.

- 강아지가 공을 물어왔을 때 보상을 해줘야 놀이에 흥미를 갖는다.
- 야외에서는 공은 물론 원반 등을 이용해서 놀아준다.
- 되도록 바닥에 매트를 깔아서 강아지가 미끄러지지 않게 한다.
- 모든 강아지가 공놀이를 좋아하는 것은 아니다. 훈련이 필요하다.

◇ 공놀이, 여기에 좋아요

근력이 발달하는 등 체력이 좋아진다.

집중력을 높인다.

❹ 콩 장난감으로 놀기

고무 재질의 콩(kong) 장난감으로 놀아줘도 좋다. 소라 모양의 장난감 안에 간식을 넣어두면 강아지는 입과 코, 발, 그리고 머리를 써서 꺼내 먹는다. 혼자 집을 지키는 강아지의 지루함을 달래주는 것은 물론 식욕을 높이고 스트레스를 해소해주는 데도 좋다. 콩 장난감이 없다면 깨끗한 플라스틱 음료수 병에 구멍을 몇 개 뚫어 사료나 간식을 넣고는 강아지 스스로 꺼내 먹게 한다.

- 간식을 먹이는 효과뿐만 아니라 탄성이 강해 놀잇감으로 이용하기에도 좋다.
- 강아지의 나이, 건강 상태, 씹는 습관 등에 맞는 것을 고른다. 강아지의 체격에 비해 너무 작은 것을 고르면 삼킬 수도 있으므로 주의한다.
- 습식 사료라면 얼렸다가 녹인 후 주거나, 입구를 땅콩버터 등으로 막아서 주면 더 호기심을 자극할 수 있다.
- 먹이를 다 먹으면 콩을 회수한다. 강아지가 주지 않으려고 한다면 다른 간식과 교환한다.

◇ 콩 장난감 놀이, 여기에 좋아요

스트레스 해소와 분리불안 치유에 도움이 된다.

짖거나 물어뜯는 버릇을 예방한다.

❺ 숨바꼭질

실내에서 도구 없이 손쉽게 할 수 있는 놀이다. 소파나 문 뒤에 숨어 강아지의 이름을 부른다. 그러면 강아지는 후각과 청각을 사용해서 보호자를 찾아 나설 것이다. 강아지가 찾아내면 간식을 주고 칭찬을 해준다. 처음에는 소파 뒤 같은 찾기 쉬운 곳에 숨었다가, 강아지가 놀이를 이해하고 재미있어 하면 난이도를 높여간다. 그리고 마지막은 항상 강아지가 승자가 되게 해야 한다. 그래야 강아지의 자신감과 성취감을 높일 수 있다.

◇ 숨바꼭질 놀이, 여기에 좋아요

스트레스 해소에 좋다.

체중 조절에 도움이 된다.

치매 예방에 도움이 된다.

❻ 어질리티

어질리티(agility)는 도그 스포츠의 일종으로, 여러 개의 장애물을 통과해 목적지까지 달리게 하는 장애물 달리기를 말한다. 어질리티 대회 출전을 목표로 야외에서 다양한 장애물로 훈련하는 강아지도 있지만, 실내에서도 종이 상자, 의자, 테이블, 담요, 쿠션 등을 장애물로 활용하여 어질리티 놀이를 할 수 있다. 의자 두 개를 붙여놓고 강아지가 그 아래를 지나가게 하거나 둘둘 만 담요나 쿠션, 상자 등으로 장애물 코스를 만들어 통과하게 한다. 이 놀이를 처음 할 때는 강아지가 당황하고 어려워할 수 있으니 간식이나 장난감으로 유도한다. 강아지가 놀이를 잘 해내면 간식을 주고 아낌없이 칭찬을 해준다. 시판되는 어질리티 제품을 구입해서 훈련을 시켜도 된다.

◇ 어질리티 놀이, 여기에 좋아요

민첩성과 유연성을 길러준다.

운동 부족 및 스트레스를 해소한다.

배변 실수나 잦은 짖음 등 문제 행동이 개선된다.

주인과의 유대감이 깊어진다.

❼ 빛 놀이

실내에서 가장 손쉽게 할 수 있다. 강아지가 레이저포인터나 휴대폰 플래시의 빛을 따라 움직이는 놀이로, 강아지도 매우 좋아한다. 상당한 체력이 필요하고, 장시간 놀게 되면 집중도가 떨어지므로 5분 정도 하다가 쉬고 강아지가 심심해하면 다시 놀아주도록 한다. 직접 레이저를 쏘는 것이 귀찮다면 강아지 목에 채울 수 있는 레이저포인터를 사줘도 좋다. 다만, 레이저를 강아지의 눈에 직접 쏘면 망막에 손상을 입을 수 있으므로 조심한다.

◇ 빛 놀이, 여기에 좋아요

운동 부족 및 스트레스를 해소한다.

주인과의 유대감이 깊어진다.

• 어떤 놀이를 선택해야 할까 •

놀이를 선택할 때는 강아지의 타고난 특성과 성격, 나이 등을 고려해야 한다. 어린 강아지는 형제끼리 발로 건드리는 행동을 시작으로 점프나 달리기, 몸싸움 등을 하면서 자란다. 따라서 보호자와 상호작용할 수 있으면서 강아지가 몸을 많이 움직일 수 있는 놀이를 선택한다. 물렁물렁한 장난감이나 천으로 된 부드러운 장난감이 좋고, 아직 관절이 자라는 시기이므로 무리하지 않도록 한다. 이갈이를 하는 청소년기에는 치실 토이나 물어뜯고 씹을 수 있는 장난감 등으로 놀게 한다. 노령견은 신체가 쇠약해지면서 운동 능력이 떨어지고 놀이에도 흥미를 잃는다. 따라서 실외에서는 가볍게 산책하고, 실내에서는 후각을 사용하는 노즈워크나 숨바꼭질 등으로 뇌를 자극하고 치매를 예방하게 도와준다.

비싼 장난감을 사서 던져준다고 해서 강아지가 금세 잘 갖고 놀 것이라고 기대해서는 안 된다. 놀이에 흥미를 느끼게 하려면 훈련과 노력이 필요하다. 보호자도 적극적으로 참여해야 한다. 만약 강아지가 장난감이나 놀이에 집중하지 않고 보호자의 손을 물거나 발을 쫓아다닌다면 그 놀이에 별 흥미가 없다는 뜻이다. 이때는 놀이 방법을 제대로 가르쳐주거나 다른 놀이로 바꾸어야 한다. 강아지도 좋아하고 주인도 즐거워야 최고의 놀이가 아닐까.

❶ 공놀이

실내는 물론 실외에서도 많이 하는 놀이다. 넓은 공터에서 공만 굴려도 강아지는 최선을 다해서 쫓아갈 것이다. 강아지의 핏속에 흐르는 사냥 본능을 자극하고, 스트레스 해소에도 도움이 된다. 공이 강아지의 시야에서 벗어나지 않도록 하고, 강아지가 공을 물어오면 칭찬을 해준다. 밖으로 나갈 때는 배변 봉투와 물을 챙기는 것을 잊지 않는다. 목줄을 푸는 것은 상황에 따라 잘 판단해야 한다. 목줄 자체가 필수인 공원도 있으며, 길가에 풀어놓게 되면 사고가 날 수도 있다.

❷ 프리스비 놀이

프리스비(플라스틱 재질의 원반)를 던져서 강아지가 물어오게 하는 놀이다. 공놀이와 마찬가지로 강아지의 사냥 본능을 자극하는 것은 물론 스트레스 해소에도 좋다. 처음 훈련할 때는 집 안에서 강아지가 밥을 먹는 식기를 이용하여 익숙해지게 한다. 그런 다음 프리스비를 강아지가 물

품종별 선호하는 놀이

- **잭 러셀 테리어**
  땅 파기의 명수답게 적당한 공간만 보이면 굴착 작업을 시작한다. 누르면 소리가 나는
  장난감에 흥분한다.

- **코커 스패니얼**
  원래 조렵견(조류 사냥을 돕는 개) 출신으로 활달하고 장난기가 많다. 당연히 후각을
  이용한 놀이에 제격이다.

- **뉴펀들랜드**
  수상 구조견으로 이름을 날리는 종족답게 수영에 능하다. 물이 보인다면 기꺼이 뛰어들
  고 싶어할 것이다.

- **보더 콜리**
  우아하게 하늘로 날아올라 프리스비를 입에 무는 모습을 본 사람이라면 누구나 그
  매력에 빠질 것이다. 다양한 애견 스포츠에서 발군의 실력을 자랑한다.

수 있게 가슴 높이에서 가볍게 던져준다. 반복 훈련이 중요하며, 잘하면
칭찬을 하고 간식을 준다.

이제 바깥으로 나가 처음에는 빙글빙글 돌면서 약을 올리듯 놀아주다
프리스비를 조금씩 멀리 던져 물어오게 한다. 이 훈련을 할 때는 보호자
와 강아지가 호흡이 잘 맞아야 한다. 한 번의 훈련으로는 안 되니 시간
날 때마다 연습을 해서 실력도 늘리고 유대감도 높인다. 반려견 놀이터
처럼 안전한 곳이 아니라면 이 훈련을 할 때는 강아지에게 긴 목줄을 채
워야 한다. 그래야 도로로 뛰어나가 교통사고를 당하거나 집을 잃는 위
험을 방지할 수 있다.

3 장난감 고르기

❶ 장난감 잘 고르는 방법

1. 강아지에게 필요한 장난감을 고른다

사람이 보기에 좋은 것이 아니라 강아지에게 필요한 장난감이어야 한다. 장난감은 강아지의 무료함을 달래줄 뿐만 아니라 문제 행동을 바로잡고, 집에 혼자 남겨졌을 때 외롭지 않게 해주는 역할을 한다. 따라서 이런 기능에 충실한 장난감을 고른다.

2. 튼튼하고 신축성이 있어야 한다

강아지의 턱은 생각보다 강하다. 천으로 된 공이나 인형을 금세 뜯어 그 속에 든 내용물을 먹고 배탈을 일으킬 수 있다. 그렇다고 너무 딱딱하면 이빨이 부러지거나 빠질 수도 있다. 따라서 강아지가 오래 가지고 놀더라도 잘 망가지지 않고 신축성이 있는 것으로 고른다. 솜 인형은 마감 처리가 잘된 것이 좋다.

3. 다양한 장난감을 돌아가며 가지고 놀게 한다

처음에는 강아지 스스로도 어떤 장난감을 좋아하는지 모른다. 여러 가지 장난감을 주어서 좋아하는 것을 고르게 하고, 그중에서 한두 개를 돌아가며 가지고 놀도록 한다. 그래야 장난감에 쉽게 질리지 않을 것이다. 한 개는 안정감을 주는 장난감을, 또 다른 한 개는 마음껏 사냥을 할 수 있는 장난감을 준다. 비눗방울이나 '꽥' 소리가 나는 장난감은 사냥용으로 적당하다.

4. 크기, 가격 등이 적당한지 살핀다

장난감의 크기는 물론 무게 등도 잘 따져보아야 한다. 너무 크거나 무거우면 잘 가지고 놀지 못하고, 너무 작으면 삼킬 수도 있다. 장난감에 달린 끈이나 리본 등은 떼어내고, 플라스틱으로 된 인형의 눈이나 코도 가지고 놀게 하면 안 된다. 인터넷에서 구입할 때는 사이즈에 대한 정보를 더 자세하게 살핀다. 또한 가격 대비 품질, 성분 등도 꼼꼼하게 따진다.

5. 오래된 생활용품을 장난감으로 주지 않는다

낡은 신발이나 고무줄, 벨트 등은 강아지에게 적당한 장난감이 아니다. 강아지는 이제 막 구입한 물건과 낡은 신발을 구별하지 못하고 대부분 물어뜯어 분해하거나 심지어 먹을 수도 있다. 강아지는 우리가 상상하지도 못한 것들을 먹기도 하니 주의한다.

❷ 장시간 집에 혼자 있는 강아지를 위한 장난감

1. 봉제 장난감

천이나 인조 양모 등에 솜 등의 충전재를 채운 봉제 장난감은 던지고 물어오기, 씹기, 핥기 등 활용도가 높다. 또한 강아지의 체취가 오래 남아 안정감을 준다. 강아지가 쉽게 물 수 있게 연결 부위가 많은 것, 즉 몸통에 팔, 다리, 꼬리 등이 달린 동물 모양을 고른다. 다만 소재의 특성상 내구성이 떨어지고 강아지의 타액이 묻으면 악취가 날 수 있다.

2. 고무 장난감

특히 씹기를 좋아하는 강아지에게 좋다. 내구성이 좋고 공, 원반, 뼈다귀 등 다양한 모양이 있어서 흥미도 끈다. 강아지가 입으로 씹는 장난감이므로 천연 라텍스 등 몸에 해가 되지 않는 것을 고른다.

3. 로프 토이

줄다리기나 힘겨루기 등으로 함께 놀아주기 좋아서 에너지가 넘치는 강아지에게 적합하다. 또한 이갈이를 돕고 플라크를 제거하는 등 치아 건강에도 도움이 된다.

4. 행동 교정용 장난감

장시간 집에 혼자 있다 보면 물건을 부수거나 울부짖는 등의 분리불안 증상이 나타날 수 있다. 이때는 노즈워크나 콩 장난감 등 행동 교정용 장난감으로 놀게 해준다.

장난감 관리법

- **천 장난감**

  침에 젖은 채로 오랫동안 방치하면 변색되고 세균이 번식할 수 있다. 주기적으로 세탁을 해준다.

- **봉제 장난감**

  장난감이 찢어져 충전재나 방울, 삑삑이 등이 삐져나와 있으면 강아지가 삼킬 수도 있으므로 발견 즉시 수선을 하거나 버려야 한다.

- **고무 장난감**

  찢어진 곳을 강아지가 먹지 못하도록 버린다.

- **새로운 장난감**

  새로운 장난감에 관심이 없을 때는 보호자가 만지거나 입던 옷 사이에 한동안 두어 체취를 묻힌다.

서울시 반려견 놀이터

- **광진구 어린이대공원**

  서울 광진구 능동 216(구의문 주차장 옆 동산)

- **상암동 월드컵공원**

  서울 마포구 상암동 1535(평화의공원 주차장 옆)

- **동작구 보라매공원**

  서울 동작구 신대방동 395(공원 남단 향기원 옆)

➔ **운영시간**

매주 화요일~일요일(월요일 휴장) 오전 10시~오후 8시(5~8월은 밤 9시까지 연장 운영)

➔ **주의사항**

1. 동물 등록을 마친 반려견만 이용 가능
2. 13세 미만 어린이는 성인 보호자 동반 필수
3. 놀이터 출입 시 배변봉투 및 목줄 지참 필수
4. 다른 반려견과 마찰이 없도록 주의
5. 놀이터 내에서는 절대금연
6. 반려견의 상태에 따른 출입 제한 조치

   질병 감염의 의심이 있는 반려견, 사나운 반려견, 발정이 있는 반려견

• 반려견 놀이터, 운동장, 카페 등 이용하기 •

아파트 같은 공동주택에서 생활하는 사람들은 강아지가 목줄을 풀고 마음껏 놀수 있는 공간을 희망한다. 그리고 보다 많은 강아지를 만나 사회성도 기를 수 있기를 바란다. 그래서 찾게 되는 곳이 반려견 카페나 놀이터, 운동장 같은 공간이다. 아무리 반려견을 위한 곳이라고 해도 기본적으로 지켜야 할 예절, 즉 펫티켓이 있다. 펫티켓을 잘 지켜서 강아지도 즐겁고 보호자도 행복한 시간을 보내보자.

1. 강아지의 성향을 파악한다
강아지의 스트레스도 해소하고, 친구도 만들어주기 위해 카페나 놀이터, 운동장등을 찾는다. 그러나 아직 사회성이 부족하거나 활달하지 않은 강아지는 오히려강아지들로 가득한 곳에서 스트레스를 받을 수 있다. 낯선 강아지들이 반갑다고갑자기 달려든다면 강아지는 놀라서 긴장을 하고 스트레스를 받을 것이다. 이때는 반려견 동반 카페나 레스토랑 같은 비교적 조용한 곳에서 시간을 보내다가 익숙해지면 차츰 강아지들이 많은 곳으로 데려간다.

2. 워밍업이 필요하다
공간에 들어오자마자 강아지를 다른 강아지들 사이에 풀어놓아서는 안 된다. 강아지에게 낯선 환경과 다른 강아지들의 냄새는 긴장과 흥분을 불러일으키기 때문이다. 이때는 미리 밖에서 산책을 하면서 새로운 환경과 자극에 익숙해지게끔 워밍업을 시켜준다. 그리고 안으로 들어와서는 목줄을 묶은 채 강아지가 안정을 찾을 때까지 함께 있어준다.

3. 혼자 두지 않는다
강아지가 어느 정도 그곳에 익숙해지면 다른 강아지들과 어울려 놀게 한다. 그러나 이때도 주의를 게을리해서는 안 된다. 다른 강아지들과 싸우지는 않는지, 지나치게 짖지는 않는지, 공격을 당하지는 않는지 등을 가까이에서 잘 살펴본다. 배변도 깨끗이 치워주도록 한다. 챙겨간 간식을 줄 때도 주의를 기울인다. 강아지들이많은 장소(2마리 이상)에서 주지 말아야 할 간식이 있는데, 먹었을 때 바로 소화가 안 되는 육포나 개껌 같은 것이다. 금방 먹어치울 수 없기 때문에 주위 강아지에게 빼앗기지나 않을까 하는 염려 때문에 더욱 긴장하게 되고 자칫하다간 싸움이 일어날 수도 있다. 이때는 다른 방에서 간식을 먹인 다음 돌려보낸다. 강아지가 좋아하는 장난감은 준비해서 훈련도 하면서 교감을 더 높이도록 하자.

PART
4

함께 살기 위한 훈련과 문제행동교정

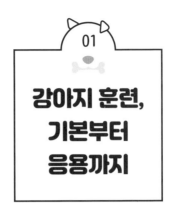

강아지 훈련, 기본부터 응용까지

보호자가 "이리 와"라고 부르면 한달음에 달려오고, "손!"이라고 하면 앞발을 척 내밀며, "빵!" 하면 배를 보이며 눕는다. 우리가 접하는 똑똑한 강아지의 모습이다. 내 강아지도 이렇듯 똑똑하게 키우고 훈련할 수 있을까?

물론 가능하다. 그러나 하루아침에 그렇게 될 수 있는 것은 아니다. 강아지의 행동과 사고를 이해하고 그에 맞는 훈련을 해야 한다. 아무리 똑똑한 강아지라도 적절한 교육이나 훈련이 없으면 대소변도 잘 가리지 못하는 반면, 대부분의 강아지는 잘 가르치면 모두에게 감탄과 즐거움을 주는 재주를 선보일 수 있다. 강아지와 행복하게 지내기 위한 기본 훈련과 그 훈련을 바탕으로 한 응용 훈련을 살펴보자. 또 주요 문제 행동과 훈련을 통해 문제 행동을 해결하는 방법도 알아보자.

1 훈련은 언제부터 시작해야 할까

생후 3개월 정도의 강아지라면 집에 데려오자마자 훈련을 시작하는 것이 좋다. 그래야 강아지도 새로운 환경에 잘 적응하고, 가족들도 강아지와 쉽게 친밀해진다. 아파트에 산다면 더더욱 강아지 기본 훈련에 신경을 써야 한다.

훈련을 시작하기에 가장 알맞은 시기는 생후 5~6개월에서 1년이 되기 전이다. 강아지의 인지 능력이 발달하기 시작하고 호기심도 왕성하기 때문이다. 또한 5차 예방접종이 끝나는 때이기도 해서 외출하기에도 좋다. 그러나 훈련 시기가 따로 정해져 있는 것은 아니다. 강아지의 건강 상태, 성격, 적응 정도, 학습 능력 등에 따라 조금 늦게, 또는 일찍 시작할 수도 있다.

이 책에서는 '훈련'이라는 단어를 사용했지만, 훈련이라는 것을 강아지와 사람이 함께 살아가기 위한 최소한의 '교육'이라 생각하자. 사람도 사회에서 서로 잘 지내기 위해 교육을 받듯, 강아지도 마찬가지다. 집에 온 첫날 가족과 인사하기, 집 안 탐색하기 등을 비롯하여 식사, 배변, 산책, 놀이 등 일상에서 하는 모든 행동이 훈련에 포함된다. 여기에 더해 기본 훈련이라고 할 수 있는 "이리 와, 앉아, 엎드려, 기다려" 등을 배워보자. 보호자와의 관계가 친밀할수록 자연스럽게 교감하고 난이도 높은 훈련도 거뜬히 해낼 수 있다.

2 훈련 전 준비하기

❶ 목줄과 리드줄

◇ 목줄에 익숙해지기

훈련 동영상
QR 코드

1. 강아지에게 목줄 냄새를 맡게 한다. 그런 다음 목줄에 거부감을 보이지 않으면 목에 채워준다.

2. 처음 목줄을 한 강아지는 몸을 움츠리거나 목줄 닿는 부위를 긁는 등 스트레스성 행동을 보일 수 있다. 이때는 목줄 대신 부드러운 리본이나 스카프를 손가락 1~2개가 들어갈 정도로 느슨하게 묶어준다.

3. 2~3일은 리본을 묶은 채로 둔다. 그러다 리본에 익숙해지면 나일론이나 가죽으로 된 가벼운 목줄로 바꾸어준다.

4. 목줄을 할 때 강아지가 손을 물거나 으르렁거리기도 한다. 이때는 야단을 치기보다는 간식으로 관심을 돌려보자. 강아지가 간식을 먹는 동안 목줄

을 했다가 벗겨주고 칭찬을 한다. 이렇게 계속 반복하면 점차 목줄에 대한 거부감이 줄어들 것이다.

5. 강아지는 자라면서 목둘레가 굵어지므로 그에 맞게 바꾸어준다.

6. 목줄은 훈련은 물론 산책과 운동을 할 때도 유용하다. 따라서 평소에 목줄 훈련을 해두면 많은 도움이 될 것이다.

◇ 리드줄에 익숙해지기

훈련 동영상
QR 코드

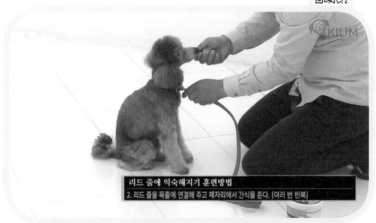

리드 줄에 익숙해지기 훈련방법
2. 리드 줄을 목줄에 연결해 주고 제자리에서 간식을 준다. (여러 번 반복)

목줄과 리드줄은 강아지를 교통사고 등 갑작스러운 사고로부터 보호하고 다른 강아지와 싸움이 일어나는 것을 방지하는 등 생명줄 역할을 한다. 따라서 훈련으로 미리 익숙해지게 하는 것이 좋다.

1. 목줄에 익숙해졌다면 리드줄을 연결해보자. 리드줄은 1m, 3m, 5m, 10m 등 다양한 길이의 제품이 있다. 비교적 짧은 줄(1m, 3m)은 강아지를 통제하

기에 용이해서 훈련용으로 많이 사용한다.

2. 먼저 실내에서 리드줄 훈련을 해본다. 강아지의 목에 리드줄을 연결한 다음, 주위에 간식을 뿌려두고 자유롭게 돌아다니면서 먹게 한다(전후좌우로 스스로 먹으면서 끌도록 한다).

3. 목줄과 리드줄을 착용한 채로 놓고 간식을 먹으면서 스스로 줄을 밟을 때가 있을 것이다. 이때 보호자가 옆에 있다면 강아지는 보호자가 줄을 당긴 것으로 오해할 수 있고, 거부감이 들 수 있기 때문에 간식을 뿌려두고 잠시 자리를 피해 있는 것이 좋다.

4. 간식을 뿌려주어 자연스럽게 반려견이 놀 수 있도록 충분히 시간을 준다.

5. 마지막은 간식을 여러 개 줘 오랫동안 먹게 하면서 천천히 목줄과 리드줄을 푼다.

6. 자유롭게 돌아다니면서 간식을 먹을 때 훈련을 끝내는 것이 좋다.

7. 다른 훈련과 마찬가지로 강아지가 목줄과 리드줄에 익숙해질 때까지 반복적으로 실시한다.

❷ 간식

훈련을 할 때 간식은 평상시에 먹이지 않는 특별한 것으로 준비한다. 소화가 잘 되고 냄새가 강하며 부스러기가 거의 생기지 않는 것이 좋다. 소시지나 치즈 등이 적당하다. 자일리톨 껌의 1/4 크기로 아주 작게 잘라서 주머니에 넣고 훈련을 잘 마쳤을 때 즉각 보상을 해준다. 다만, 기호성이 높은 간식은 칼로리가 높으므로 너무 많이 주지 않도록 한다.

강아지가 배고플 때는 평소에 먹는 사료로도 충분한 보상이 된다. 그러나 좀 더 어려운 훈련을 할 때는 기호성이 높은 간식(익힌 고기, 치즈, 육포, 쿠키 등)을 주도록 한다.

훈련을 하기에 가장 좋은 시간은 밥 먹기 2시간 전이다. 식사 직후에는 배가 불러서 간식을 안 먹을 수 있기 때문이다. 배가 고플 때 간식은 최고의 보상이다. 그래서 강아지는 간식을 하나라도 더 먹기 위해 훈련에 집중한다. 반면에 배가 부르면 훈련을 게을리할 수 있으니 한꺼번에 간식을 너무 많이 주지 않도록 한다.

❸ 장난감

장난감은 간식과 마찬가지로 좋은 보상이자 훈련 효과를 높여주는 도구다. 강아지에게는 사냥 본능이 있는데, 이 본능을 자극할 수 있는 장난감을 이용하면 훈련 효과를 더 높일 수 있다. 이리저리 움직이는 공이나 물었을 때 소리가 나는 장난감은 강아지를 흥분시키고 자극을 준다. 당연히 집중력도 높아진다. 반면에 강아지가 장난감에 지나치게 몰입

하면 다음 훈련을 진행하기가 쉽지 않다. 만약 그런 반응을 보인다면 적당히 제어하도록 한다. 이런 장난감 외에도 평소에 강아지가 좋아하는 장난감을 훈련 중간중간에 주어 강아지의 흥미도 불러일으키고 훈련에 대한 집중력도 높여보자.

❹ 입마개

"우리 강아지는 순해서 안 물어요."

많은 사람들이 이렇게 말한다. 그러나 강아지는 종류나 크기, 훈련 여부와 상관없이 사냥 본능을 갖고 있고 그 본능으로 인해 돌발 행동을 보일 수 있다. 산책을 하다 갑자기 지나가는 사람이나 다른 강아지를 물수도 있고, 발톱을 깎거나 미용을 할 때나 병원 진료를 받을 때 자기 보호 본능이 나오기도 한다. 따라서 평소에는 사용하지 않더라도 강아지가 어릴 때부터 미리 입마개 적응 훈련을 해두면 도움이 된다. 반복해서 훈련을 하다 보면 흥분하기 쉬운 강아지를 진정시킬 수 있고, 자칫 물릴수 있다는 공포감도 없앨 수 있다.

입마개 훈련방법
2. 바닥에 입마개를 내려놓고 주위에 간식을 떨어뜨려 주어 냄새를 맡으며 먹게 한다.

1. 먼저 입마개에 대한 거부감이나 두려움을 없애야 한다. 입마개를 바닥에 놓은 상태에서 그 사이사이에 간식을 놓아두어 입마개를 강아지가 코로 건드리며 먹을 수 있게 한다.

2. 입마개 안, 입마개의 버클, 줄 주위에도 간식을 놓아준다.

3. 입마개 안에 간식을 넣어 강아지가 천천히 다가와 스스로 꺼내 먹게 한다. 입마개에 대한 긍정적인 기억을 심어주는 것이다.

4. 입마개를 손으로 감싼 채로 들고 간식을 하나씩 넣어 먹게 한다. 이렇게 하면 입마개가 아니라 보호자의 손에 닿는다고 인지하게 된다.

5. 입마개에 입을 자유롭게 넣게 되면 간식을 4등분 해서 넣어 두고 잠금장치(버클)를 잠깐 잠근 다음 푸는 연습을 한다. 만약 싫어하거나 불편해하면 바로 잠금장치를 풀고 ①의 과정을 되풀이한다.

6. 잠금장치를 한 뒤에도 거부 반응이 없다면 간식을 주고 칭찬을 해준다. 그

물망으로 된 입마개가 강아지의 호흡을 방해하지 않고, 간식을 주기에도
편리하다.

 ※ **주의사항:** 입마개를 들고 강아지 입에 무턱대고 대려고 해서는 안 된다. 강아지가
스스로 먼저 다가올 수 있도록 유도한다.

◇ 칭찬과 보상

강아지가 훈련을 잘 마치면 보상을 해줘야 한다. 보상은 강아지가 가
장 좋아하는 것을 해준다. 간식을 좋아하는 강아지도 있고, 장난감을 좋
아하는 강아지도 있다. 또 어떤 강아지는 보호자의 칭찬과 손길을 최고
로 생각한다. 강아지가 가장 만족할 수 있는 것을 보상으로 줘야 한다.
또한 강아지가 원하면 언제나 먹고 놀 수 있도록 간식과 장난감을 주위
에 늘어놓으면 안 된다. 그러면 훈련할 때 보상으로 받는 간식이나 장난
감에 덜 열광할 것이다.

보상의 종류: 간식, 장난감, 스킨십, 산책, 칭찬 등

3 신뢰 관계 쌓기

❶ 스킨십

우리는 강아지가 집에 오자마자 "앉아"나 "이리 와"를 가르치려 한다. 그러나 강아지는 아직 새로운 환경이 낯설 뿐만 아니라 가족들과도 서먹서먹하다. 뭔가를 배울 만한 상황이 아니다. 아무리 뛰어난 훈련사라도 이런 상황에서 훈련을 시작하지는 않는다. 강아지와 친해질 때까지 배불리 먹이고 마음껏 놀아준다. 그런 다음 강아지가 어느 정도 마음을 열면 그때부터 천천히 훈련을 시작한다.

강아지와 친해지는 방법도 이와 같다. 매일 밥을 주고 산책을 시키며 놀아준다. 그리고 애정을 담아 쓰다듬어준다. 이런 사소하고 일상적인 일들을 하면서 서로에 대한 신뢰가 쌓이고, 무엇을 원하는지, 어떻게 해줘야 하는지 알게 된다. 훈련은 이렇게 시작한다. 훈련이라고 해서 특별하거나 어려운 것이 아니다.

스킨십은 강아지가 좋아하는 부위를 중심으로 해준다. 강아지마다 좋아하는 부위가 다르므로 강아지의 반응을 보고 판단한다. 입 주변이나 발끝, 꼬리를 만지면 대부분의 강아지가 싫어하지만, 병원에서 진찰을 받을 때나 발톱 깎기, 샴푸, 털 관리 등을 할 때를 대비하여 평소에 만져주도록 한다. 처음에는 힘들겠지만 부드럽게 쓰다듬으면서 만져도 좋은 부위를 조금씩 늘려간다. 훈련을 하면서 자연스럽게 스킨십을 하면서 이런 부분까지 신경을 쓰도록 한다.

❷ 시선 맞추기(eye contact)

모든 훈련의 기본은 강아지와 눈을 맞추는 것이다. 그래야 교감을 하고 훈련을 보다 쉽게 할 수 있다. 그러나 집에 온 지 얼마 안 된 강아지는 사람과 눈을 잘 마주치려 하지 않는다. 그럴 때는 시간을 두고 지켜보다가 강아지가 마음을 열었다는 느낌이 들 때 눈 맞추는 연습을 시작한다.

강아지와 눈이 마주친 순간 이름을 부르고 간식을 준다. 보호자와 눈이 마주쳤을 때 좋은 일이 생긴다는 인식을 심어주는 것이다. 이 동작을 반복하면 나중에는 간식을 주지 않고 이름만 불러도 강아지는 시선을 맞추게 된다. 눈을 마주치는 것이 자연스러워지면 교감도 자연스럽게 이루어진다.

주의할 점은, 이름을 불러도 강아지가 쳐다보지 않는다고 해서 보호자가 먼저 시선을 맞추려 하거나 억지로 강아지의 고개를 돌려 바라보게 해서는 안 된다. 이럴 때는 간식이나 장난감 등 강아지가 좋아하는 것을 이용하여 시선을 마주치도록 유도한다.

◇ '시선 맞추기' 훈련하기 훈련 동영상
QR 코드

1. 간식을 강아지의 코앞으로 가져가서 냄새를 맡게 하고 간식을 준다. 이것을 두세 번 반복한다.

2. 강아지가 간식에 관심을 보이면 간식을 든 손은 보호자의 가슴 앞으로 가져가 입으로 소리를 낸다. 이때 보호자를 보면 바로 간식으로 보상을 한다. (손을 가슴으로 가져가는 이유는 간식을 주는 손이 너무 밑에 있다면 보호자가 아무리 소리를 내어도 위를 봐야 한다는 것을 이해하기 힘들기 때문이다.)

3. 가슴에 손을 놓고 소리를 냈을 때 강아지가 바로 아이컨택을 한다면 가슴 앞에 있던 손을 서서히 밑으로 내리며, 다시 입으로 소리를 내어 교육한다.

4. 다시 등 뒤로 손을 숨기며 소리를 냈을 때 보호자의 눈을 바라보는지 확인한다. 강아지와 시선이 마주치면 바로 이름을 부르면서 간식을 준다.

5. 이 동작을 제대로 해내면, 다음에는 곧바로 이름을 불러서 쳐다보면 간식을 주고 칭찬을 해주며 교육을 끝낸다.

❁ 4 기본 훈련

❶ 이리 와(이름 인식)

이름을 부르거나 "이리 와"라는 명령어를 사용해서 강아지를 오게 하
는 훈련으로 일상생활에서 가장 많이 사용한다. 언뜻 쉬워 보이지만 강
아지와 교감이 되어야 가능하다. 이 훈련만 제대로 익힌다면 아무리 어
려운 훈련이라도 해낼 수 있게 되고, 문제 행동을 바로잡거나 산책 시
리드줄을 놓쳐 위험한 상황에 처했을 때 제때 대처할 수 있을 것이다.
어린 강아지일수록 효과가 있다.

◇ '이리 와' 훈련하기

훈련 동영상
QR 코드

이리 와(이름 인식) 훈련방법
1. 서서 이름을 부르며 간식을 준다.

1. 어깨와 허리를 약간 숙인 상태에서 양팔을 벌리며 강아지의 이름을 부른다. 이때 손을 강아지 쪽으로 내밀면 안 된다. 손을 뻗기만 한 상태에서 강아지가 스스로 다가와 먹을 수 있도록 한다.

2. 자리를 조금씩 이동하면서 강아지 이름을 불렀을 때 잘 따라오는지 확인한다. 잘 따라오면 간식을 준다.

3. 이름을 부를 때 잘 따라온다면 다음 테스트를 해본다.

4. 테스트 방법은, 강아지에게 등을 보인 채 이름을 불렀을 때 바로 보호자 앞으로 오는지 확인하는 것이다.

5. 보호자가 간식으로 유도하지 않았는데도 불렀을 때 강아지가 바로 온다면 폭풍 칭찬을 해주며 간식으로 교육을 마무리한다.

불러서 가면 칭찬보다는 야단을 치거나 강아지가 싫어하는 행동을 하기 때문이다. 이런 상황이 많아지면 보호자가 부르는 소리를 듣고도 강아지는 그 자리에 선 채 한참을 고민한다. 또 다른 이유는, 보호자가 어디로 가야 할지 정확하게 알려주지 않기 때문이다. 쳐다만 보라는 것인지, 옆으로 지나가라는 것인지, 뒤로 가라는 것인지, 강아지로서는 도무지 알 길이 없다.

그렇다면 어떻게 해야 할까? 불러서 가면 반드시 좋은 일이 생긴다는 기억을 심어줘야 한다. 강아지의 입장에서는 하던 일을 멈추고 왔기 때문에 더욱 좋은 보상을 기대하게 된다. 안거나 뽀뽀를 하는 등 강아지가 싫어하는 행동을 하지 않도록 하고, 야단을 치더라도 그 상황이 끝나면 보상을 하고 잘 타이른다. 대부분 야단을 치고 그냥 내버려두는데, 이렇게 되면 강아지의 머릿속에 나쁜 기억이 각인되어 나중에는 불러도 머뭇거리거나 오지 않게 된다. 지시를 할 때는 손동작을 이용해서 정확하게 어디로 오라는 것인지 알려주는 것이 좋다.

'이리 와' 훈련 성공하는 비결

- 강아지의 이름을 부를 때는 자세를 낮추고 부드러운 목소리로 부른다. 칭찬을 할 때나 평상시에 부를 때 낮은 자세를 취하면 강아지는 그 상황을 더 잘 이해하게 된다.
- 강아지의 이름을 불러서 오기만 하면 간식을 준다. 처음부터 강아지에게 이런저런 것을 요구하지 않는다.

'이리 와' 훈련은 이름 인식 훈련이기도 하다. 아직 자신의 이름이 익숙하지 않은 강아지에게 이름을 인지시키는 것은 물론, 나중에 발생하지도 모를 사고나 문제 행동을 예방하는 데도 도움이 된다. 이름은 높고 밝은 목소리로 불러주고, 가까이 오면 간식을 주고 칭찬한다. 이때 이름만 부르고, 이름 뒤에 "잘했어", "좋아"라는 말을 덧붙여서는 안 된다. 그럼 강아지는 "잘했어", "좋아"라는 말 뒤에 간식이 나온다고 생각할 수도 있기 때문이다.

그리고 불러서 왔을 때 보상을 해주지 않거나 강아지가 싫어하는 행위를 해서는 안 된다. 그렇게 하면 다음 번에는 불러도 멀뚱멀뚱 쳐다보거나 들은 체 만 체 할 것이기 때문이다. 시간과 장소를 가리지 말고 시간이 날 때마다 강아지의 이름을 다정하게 불러준다. 이 이름 인식 훈련은 생후 1년 2개월 무렵까지 한다. 처음에는 자주 이름을 부르고, 어느 정도 시간이 지나면 가끔씩 이름을 불러서 익숙해지게 한다.

◇ 실내에서 이름 인식 확인하기

어느 정도 이름 인식 훈련이 되었다 싶으면 확인을 해보자. 먼저 좁은

강아지와 약속하기 T I P

이름을 불렀을 때는 무조건 간식을 주고, 간식이 없다면 이름을 부르지 않기로 약속을 해보자. 보호자가 이 약속을 지키기만 한다면 강아지는 이름을 부르면 곧장 달려올 것이다.

공간에서 이름을 불렀을 때 강아지가 다른 곳으로 가려다가도 몸을 돌려서 온다면 성공이다. 벽을 바라보면서 불렀을 때도 마찬가지다. 이때 방석을 항상 보호자 앞에 두고 강아지를 불러보자. 그러면서 방석이 포인트라는 것을 알려준다.

◇ 실외에서 이름 인식 확인하기

실내에서 이름 인식이 확인되었다면 이제 실외로 나가보자. 실외는 실내보다 냄새와 소리가 더 다양하고 사람들도 많기 때문에 강아지는 더욱 혼란스럽고 집중도가 떨어질 것이다. 현관 앞, 엘리베이터, 주차장, 집 앞 길가, 공원, 반려견 공원, 반려견 카페 등의 순서로 이름 인식 훈련을 해보자. 이때 주의할 점은 보호자가 항상 리드줄을 잡고 있는 상태에서 훈련을 해야 하고, 급하게 줄을 풀어줘서는 안 된다는 것이다. 만약 주위 상황이 많이 산만해서 집중을 하지 않는다면 리드줄을 '툭!' 하고 당겨서 강아지로 하여금 훈련에 집중할 수 있게 한다.

❷ 앉아

'이리 와'에 이어지는 훈련으로 기본 훈련 중 하나다. 강아지의 흥분을 가라앉히거나 문제 행동을 제지할 때 사용하면 도움이 된다. 야외에서 산책을 하다가 지인을 만났을 때 자연스럽게 앉게 할 수 있고, 횡단보도에서 앉아 있다가 사람들이 건너는 것을 보고 '사람이 먼저 가고 나서 갈 수 있구나'라는 것을 알려줄 수도 있다. 다른 훈련과 마찬가지로 이 훈련

역시 강아지가 스스로 즐기면서 할 수 있도록 환경을 만들어주는 것이 중요하다.

◇ '앉아' 훈련하기

훈련 동영상
QR 코드

1. 강아지와 마주 본 상태에서 보호자에게 집중하게끔 유도하기 위해서 간식을 준다.
2. 보호자의 상체를 서서히 강아지 쪽의 앞으로 기울인다.
3. 간식을 든 손은 강아지의 고개가 같이 따라 올라올 수 있도록 천천히 강아지 눈앞에서 머리 위로 올려준다.
4. 강아지는 간식을 보려고 고개가 위로 올라갈 것이다. 이때 보호자는 손에 든 간식을 강아지 머리 위에서 아래로 내려 간식을 준다. 강아지는 간식을 보려고 엉거주춤하다가 무게 중심이 엉덩이 쪽으로 실리게 되면서 자연스럽게 앉게 된다.

강아지 스스로 '앉아'를 할 수 있게 하려면

TIP

"앉아"라는 명령어를 사용하여 앉게 하는 것보다는 이름 인식 훈련을 통하여 처음에는 간식을 빠르게 주다가 나중에는 시간차를 두고 천천히 주게 되면 강아지는 스스로 생각을 해 앉기 시작할 것이다. 강아지가 앉는 행동을 반복하면 그제야 "앉아"라는 명령어를 말해준다. "그래, 그게 앉아야"라고 이해를 시키는 것이다. 이렇듯 강아지 스스로 이해하고 행동하게 하는 것이 좋다.

그 이유는 보호자를 비롯하여 누군가가 간식을 들고 '앉아' 훈련을 시키면 그 사람한테는 앉을 수 있지만 다른 사람이 간식을 들고 같은 명령어를 말하면 앉지 않을 확률이 높기 때문이다. 하지만 강아지 스스로 판단하여 앉았을 때는 누구라도 손동작이나 명령어를 했을 때 앉을 수 있게 될 것이다.

5. 이때 "앉아"라는 명령어를 사용하면서 간식을 주고 칭찬을 해준다.

6. 처음 훈련을 할 때 바로 앉지 않는다고 해서 강아지의 엉덩이를 억지로 눌러서는 안 된다. 나중에는 손짓과 목소리만으로도 앉을 수 있도록 반복하여 연습한다.

❸ 엎드려

'앉아' 자세에서 시작한다. 앉은 상태에서 시간이 지나면 강아지는 자연스럽게 엎드리게 된다. 따라서 두 동작이 자연스럽게 이어지도록 훈련한다. 강아지는 엎드린 상태에서는 더 안전하다고 느끼고 외부 자극에 덜 흥분한다. 몸과 마음을 안정시킬 수 있는 자세인 것이다. 동물병원 대기실에서 오래 기다려야 할 때나 신나게 놀고 난 후 진정시킬 때, 손님이 와서 짖을 때, 뛸 준비를 하거나 또는 다른 동작을 하기 위한 가장 좋은 정자세다.

◇ '엎드려' 훈련하기

훈련 동영상
QR 코드

엎드려 훈련방법
2. 한쪽 팔을 짚고 몸과 팔 사이에 간식을 두어 반려견이 들어오면서 먹게 한다.

첫 번째 방법

1. 간식을 손에 들고 강아지의 머리에서 아래 방향으로 손을 내린 다음 강아지 다리 사이로 간식을 준다.

2. 그러면 강아지는 간식을 따라 자연스럽게 엎드리게 된다.

3. 강아지가 완전히 엎드리면 "엎드려"라는 명령어를 말하면서 간식을 주고 칭찬을 해준다.

두 번째 방법

1. 첫 번째 방법이 쉽지 않다면 보호자의 팔이나 다리를 이용해보자.

2. 간식을 아래로 내려 시선을 밑으로 한 상태에서 강아지가 간식을 먹을 동안 천천히 강아지의 어깨를 살짝 눌러 엎드려의 자세를 자연스럽게 할 수 있도록 도와준다.

3. 이때, 어깨를 누른 손을 먼저 뗀 후 간식을 주는 손을 빼야 한다.

• 세 번째 방법

1. 앉은 상태에서 손을 내민다.

2. 내민 손의 팔 안쪽 바닥에 간식을 두어 강아지가 간식을 먹으며 지나가게 한다.

3. 다른 손으로 간식을 들고 내민 손의 팔 안쪽으로 강아지가 들어올 수 있도록 간식으로 유도한다.

4. 강아지가 반 정도 팔 안으로 들어왔다면 보호자가 몸과 팔을 낮춰 강아지도 자연스럽게 몸이 엎드린 자세를 취하게 한다.

5. 엎드린 자세를 취했다면 누르던 손을 떼고 간식을 먹게 하면서 칭찬을 해준다.

• 네 번째 방법

1. 보호자가 앉은 상태에서 무릎을 굽힌다. 강아지가 다리 사이로 들어올 수 있도록 간식을 무릎 밑에 떨어뜨린다.

2. 다리 밑으로 강아지가 들어올 때까지 기다린 다음 무릎을 살짝 더 밑으로 내린다.

3. 강아지가 엎드린 자세를 취하면 간식을 주고 칭찬을 하면서 보호자의 다리를 천천히 강아지의 몸에서 피해준다.

훈련 동영상
QR 코드

포인트 훈련방법
3. 반려견이 방석에 올라갔을 때 다가가 간식을 여러 번 준다.

'앉아', '엎드려', '기다려' 등의 훈련을 할 때 '포인트 훈련'을 활용해보자. 포인트 훈련이란 지정된 장소(포인트)에서 하는 훈련을 말한다. 바닥보다 5센티미터 정도 높게 방석이나 매트, 단상 등으로 포인트를 만든다. 이때에도 강아지에게 리드줄을 해주어야 한다. 이 훈련은 집에 온 손님에게 강아지가 갑자기 덤벼드는 등의 문제 행동을 예방할 때, 짖을 때, 목욕을 할 때, 줄을 착용할 때, 산책을 할 때 응용하면 도움이 된다.

1. 포인트 훈련 전 보호자는 강아지에게 간식을 주면서 간식을 갖고 있고 줄 것이라는 것을 알려준다.

2. 방석(포인트) 위에 간식을 던져준다. 강아지는 간식의 냄새를 맡고 먹기 위해 강아지 스스로 방석에 올라갈 것이다. 바닥이 미끄럽다면 방석을 벽 쪽으로 붙여놓는다.

3. 강아지가 방석에 올라가서 간식을 먹고 다시 보호자를 바라보면 다가가 간식을 여러 번 주고 칭찬해 옳은 행동이라는 것을 알려준다.

4. 강아지를 다시 방석 밖으로 불러낸 뒤 강아지 모르게 간식을 방석에 놓아둔다. 강아지가 자연스럽게 방석에 다가가 방석에 있는 간식을 먹게 하면서 방석에 대해 좋은 기억을 심어준다. (항상 방석에는 간식이 있고, 좋은 일이 있는 곳이라는 인식을 심어줘 방석이라는 곳이 안정된 장소라는 것을 일러준다.)

5. 보호자는 아무런 행동과 말은 하지 않고 방석으로 다가가 강아지 스스로 방석에 올라갈 수 있도록 기다려준다. (네 발이 다 올라가지 않았다면 간식으로 유도한다.)

6. 마지막으로 강아지에게 신호를 알려줘야 한다. 이 훈련은 강아지가 보호자에게 집중하고 있을 때 해야 한다. 보호자가 손가락으로 방석 쪽을 가리키면서 방석 안으로 들어가도록 유도한다. (이때 가리키는 손은 항상 간식을 주었던 손으로 해야 한다.)

7. 교육을 시작한 장소에서 완벽하게 훈련이 되었다면 집의 방 안, 거실 구석, 화장실, 베란다 등 장소를 바꿔가며 훈련한다.

❹ 기다려

강아지의 인내심을 기르고, 하던 동작을 멈추게 하는 훈련이다. 산책을 하면서 강아지가 갑자기 도로로 뛰어들거나 자동차나 자전거 등을 쫓아가려 할 때, 낯선 사람이나 다른 강아지가 다가왔을 때 돌발 행동을 하지 않도록 제어할 수 있다. 강아지를 두고 외출할 때나 분리불안을 예방하는 데도 도움이 된다. 이 훈련도 포인트 훈련을 응용하면 더 쉽게 할 수 있다. 처음에는 가까운 거리에서 짧게 하다가 점차 거리와 시간을 늘려간다. 조급해하지 말고 끈기 있게 반복해서 연습한다.

◇ '기다려' 훈련하기

훈련 동영상
QR 코드

기다려 훈련방법
5. 뒤로 물러났을 때 반려견이 쳐다보면 손바닥을 보이며 "기다려"라는 명령어를 하고 다가가 보상을 한다.

1. 처음 '기다려' 훈련을 할 경우 방석(포인트)에서 하는 것이 좋다. 강아지가 방석에 올라갈 수 있도록 간식으로 유도한다.

2. 방석에 간식을 여러 개 두고 보호자는 천천히 뒤로 물러난다. 반려견이 마지막 간식을 먹을 때 즈음 다시 강아지에게 다가가 "기다려" 명령어와 함께 다시 간식을 주어 보상을 해준다.

3. 보호자는 상체를 강아지 쪽으로 숙이며 강아지가 스스로 앉을 수 있도록 한다.

4. 강아지가 자연스럽게 앉거나 엎드렸다면 간식으로 충분한 보상을 해준다.

5. 앉은 상태나 엎드린 상태에서 방석에 간식 여러 개를 떨어뜨려 주고 그 자세를 유지하면 먹을 동안 보호자는 천천히 뒤로 물러난다. 앞서 반복했듯이 마지막 간식을 먹을 때 즈음 다시 강아지에게 다가가 간식으로 보상을 해준다.

◇ 보상 타이밍이 중요

어떤 훈련이든 마찬가지지만 '기다려' 훈련도 보상을 하는 타이밍이 중요하다. 특히 호기심이 많고 흥분을 잘하는 강아지일수록 오랜 시간 한 자세를 유지하기가 쉽지 않다. 따라서 제때 보상을 해서 강아지를 격려하고 훈련 내용을 더 잘 이해하게 해줘야 한다.

이 훈련은 강아지가 움직이지 못하도록 하는 데만 신경을 쓰기보다 보호자가 멀어져도 다시 올 것이라는 믿음을 심어주는 데 중점을 둔다. 그래야 훈련 효과가 높다. 흥분도가 높거나 도망가려는 강아지일수록 간식을 주는 타이밍을 빨리 잡아서 먹는 데 집중하도록 한다(강아지는 어떤 행동을 하고 0.5~1초 내에 바로 보상이나 벌을 받아야만 자신이 한 일의 가치를 인식한다). 그런 다음 조금씩 멀어졌다 가까워졌다 하면서 간식을 주면 강아지는 사람이 아무리 멀어져도 기다리는 자세를 유지할 것이다.

◇ "안 돼!" 또는 "노(no)!"

칭찬은 고래도 춤추게 한다는 말이 있듯이, 강아지도 칭찬을 해주면 더 의욕적으로 훈련을 한다. 그런데 때로는 의욕이 지나쳐서 강제로 멈추게 해야 할 때가 있다. 이때는 "안 돼"라는 말을 사용해보자.

"안 돼"라고 할 때는 무서운 표정으로 짧고 단호하게, 낮은 목소리로 말해야 한다. 그래야 강아지는 보호자가 화가 났다는 것을 인지하고 경계한다. 이때 강아지의 이름이 '메리'라면, "메리! 안 돼!", "메리! 안 돼!"라고 이름을 붙여서 반복해 불러서는 안 된다. 그럼 강아지는 혼을 내는 것이 아니라 자신의 이름을 부르는 것으로 생각할 것이기 때문이다. 또한 강아지의 이름을 부르면서 혼을 내면 이름에 대한 부정적인 인식이 생겨서 다음에는 불러도 잘 오지 않을 수 있다. 따라서 잘못된 행동을 했을 때는 "안 돼"라는 명령어만 사용한다. 그래도 잘 고쳐지지 않을 때는 콧등을 손가락으로 때리거나 주둥이를 잡는 방법이 있지만, 가능하면 칭찬과 간식으로 올바른 행동을 유도한다.

"안 돼"라고 말한 이후에 어떻게 하는지도 중요하다. "안 돼"라고 말해서 행동을 제지한 이후에 바로 어떤 행동을 해야 하는지를 알려준다. 그래야 강아지도 어리둥절해하지 않을 것이다. 예를 들어 슬리퍼를 물어뜯다가 딱 걸렸다면, 슬리퍼 대신 물어뜯어도 좋은 장난감을 준다. 그래야 강아지의 문제 행동도 바로잡고 욕구도 충족시킬 수 있을 것이다.

5 응용 훈련

❶ 손

강아지에게 "손!"이라고 하면 털이 북슬북슬한 손을 내밀거나 보호자의 손 위에 살며시 올려놓는 모습을 상상해보자. 얼마나 사랑스러운가. 강아지를 처음 키우는 사람이라면 당장 이런 훈련부터 하고 싶을 것이다. 이 동작은 어렵지 않지만 약간의 훈련이 필요하다. 그리고 이 동작을 함으로써 강아지와의 교감이 더욱 깊어질 수 있다.

이 훈련은 강아지의 발톱을 자를 때나 집 안 물건을 발톱으로 긁는 좋지 않은 습관을 고치는 데도 유용하다. 병원 진료 중 채혈을 하거나 수액을 맞을 때도 응용할 수 있다.

◇ '손' 훈련하기

훈련 동영상
QR 코드

1. 강아지를 앉게 한 다음 간식을 손에 놓고 주먹을 쥔다.

2. 간식 쥔 손을 강아지의 코 가까이 가져가 냄새를 맡게 한다.

3. 강아지는 간식 냄새를 맡고 손(앞발)을 써서 보호자 손 안에 있는 간식을 먹으려 할 것이다. 간식이 든 손에 흥미를 보이지 않을 땐 좌우로 천천히 흔들어준다.

4. 강아지가 간식 쥔 손을 툭 건드리면 주먹을 펴서 "손"이라고 말하며 간식을 준다.

5. 강아지의 왼손을 들게 하려고 할 때는 처음에는 간식을 강아지 코앞에 두었다가 강아지의 오른쪽으로 살짝 틀어줘 무게 중심이 오른쪽으로 가게 하여 강아지가 왼손을 가볍게 위로 올릴 수 있도록 한다.

6. 반대 손을 올리려고 할 때도 올리려고 하는 손의 반대쪽으로 간식을 준다. 이렇게 무게 중심을 옮겨서 올리려고 하는 손을 유도한다.

7. 이 동작을 여러 번 반복해서 익숙해지도록 하고, 나중에는 간식 없이 진행한다.

❷ 하이파이브

"손" 다음에 이어서 하면 좋다. 이 동작도 앉은 상태에서 한다. 앞발을 이용한 훈련은 앉아서 하는 편이 쉽고 집중도도 높다.

◇ '하이파이브' 훈련하기

1. 먼저 보호자에게 간식이 있다는 것을 강아지에게 알려주기 위해 간식을 보

여주면서 준다.

2. 보호자의 손에 간식을 쥐고 서서히 강아지가 간식을 먹으려 턱을 기대고 손을 위로 올려 쓰는 행동을 도와준다.

3. 손가락 사이에 간식을 끼어서 강아지에게 보여주며 냄새를 맡게 한다.

4. 강아지는 손가락 사이에 끼여 있는 간식에 관심을 보이고 간식이 있는 손을 짚고 올라올 수 있게끔 해준다.

5. 강아지가 손을 터치하며 다시 내려갔을 때 보상으로 간식을 먹이면서 반복적으로 강아지 손이 위로 올라가는 행동이 자연스럽게 일어나도록 해준다.

❸ 빵

'빵' 훈련을 하면 귀엽기도 하지만 병원에서 검진을 받을 때나 엑스레이 촬영을 하려고 할 때 자연스럽게 배를 보일 수 있는 효과가 있다. 배를 보이는 훈련이 되지 않은 반려견은 병원에 갔을 때나 미용 시 스트레스를 받을 수 있기 때문에 미리 교육하여 실생활에서 적용해주는 것이 좋다. 또한 '엎드려' 훈련이 완전히 마스터 된 후에 '빵' 훈련을 하는 것이 좋다.

◇ '빵' 훈련하기

빵 훈련방법
2. 반려견이 배를 보이게끔 얼굴 쪽에 간식을 대고 손을 끝까지 밀어 준다.

1. 먼저 "엎드려"를 시킨 후 강아지에게 간식을 보인다. 간식을 먹으려고 고개가 따라갈 것이다.

2. 간식은 서서히 강아지 눈 앞에서 귀와 목 사이로 이동하며, 머리의 중심 방향이 귀 뒤쪽으로 갈 수 있도록 한다. 이때 시선만 따라와도 간식으로 보상을 해준다.

3. 몸이 뒤로 자연스럽게 기울여지도록 간식을 들지 않은 손으로 어깨쪽을 지그시 눌러준다.

4. 이렇게 몇 차례 반복을 하면서 "빵"이라는 명령어와 손으로 총을 만들어 함께 연결하여 교육한다. 계속해서 간식과 칭찬을 해준다.

5. 빵 동작을 했을 때 배 부분을 긁어주듯이 만져주면 강아지도 그 자세에 대해서 편하게 생각하게 된다.

훈련을 잘 시키는 노하우

1. 지시어를 통일한다. "앉아", "기다려", "시트"와 같이 지시하는 말이 달라지면 강아지는 혼란스러워한다. 훈련에 참여하는 가족 모두 같은 지시어를 사용한다.

2. 한 가지만 집중해서 가르친다. 동시에 여러 가지를 가르치면 강아지는 이해하지 못한다.

3. 보호자의 지시에 따르면 상을 받을 수 있다고 인식시키기 위해 처음에는 강아지가 좋아하는 간식이나 장난감을 이용해서 가르친다.

4. 훈련을 잘 해내면 바로 칭찬해준다. 칭찬하는 타이밍이 늦으면 강아지는 왜 칭찬을 받는지 모르기 때문에 효과가 없다.

5. 한 번에 5분 정도 훈련하고 20~30분 쉰다. 너무 오래 훈련하면 강아지의 집중력이 떨어지고 싫증을 낸다.

6. 훈련을 성공한 상태에서 마쳐야 강아지에게 자신감을 심어줄 수 있다. 그래야 다음 훈련도 즐거운 마음으로 할 것이다. 만약 실패했더라도 조바심 내는 모습을 보이지 않는다.

7. 처음 훈련할 때는 평소에 생활하는 방이나 보호자의 명령에 집중할 수 있는 공간에서 하는 것이 좋다. 실외 훈련도 미리 실내에서 연습해보고 상황에 맞게 적용한다.

6 실생활에서 하는 사회화 교육

❶ 발톱을 자를 때

어떤 물건이 자기를 아프게 하거나 불편하게 한 기억이 있다면 강아지는 보호자가 그 물건을 들고만 있어도 피하려 한다. 따라서 강아지에게 어떤 물건을 사용하기 전에 충분히 확인할 시간을 줘야 한다. 물건을 바닥에 두고 물건과 그 주변에 간식을 놓아둔다. 강아지는 간식을 먹으면서 코로 그 물건의 냄새를 맡는 탐색에 나설 것이다. 이 방법은 발톱을 자를 때 쓰는 발톱깎이는 물론 브러시, 겸자, 클리퍼, 목줄, 리드줄

등 강아지와 관련된 모든 물건에 해당한다. 강아지의 몸에 다짜고짜 물건을 대거나 행동을 하기 전에 강아지에게 충분히 냄새를 맡고 확인할 시간을 주자.

❷ 목욕에 적응시킬 때

주로 화장실에서 목욕을 시킨다면 강아지에게 화장실은 그리 즐거운 공간이 아닐 것이다. 그래서 목욕을 준비하는 기미만 보여도 물거나 짖는 등 문제 행동을 보일 수 있다. 이럴 때는 평소에 "목욕하자~"라고 말하면서 목욕할 때 사용하는 물건(대야, 욕조)의 냄새를 맡고 확인을 시킨 후 간식을 줘서 그 물건에 대한 거부감을 서서히 없애주는 것이 좋다. 또한 바로 목욕을 시키기보다는 화장실에 대해 좋은 기억을 심어주기 위해 냄새 맡기 훈련을 5회 정도 반복한다.

화장실에 대한 좋은 기억을 심어줬다면 이제 본격적으로 목욕 준비를 해보자. 먼저 물소리에 대한 두려움을 없앨 수 있도록 물을 틀어놓고 간식을 준다. 그다음에는 물이 닿는 것에 대한 공포를 없애기 위해 강아지의 발바닥이 젖을 정도로 물을 틀어주면서 간식을 준다. 그렇게 서서히 장소, 물건, 물소리, 물이 닿는 것에 적응을 시킨다면 보다 즐겁게 목욕을 시작할 수 있을 것이다.

이렇게 했는데도 목욕을 싫어하거나 목욕하는 것에 거부감이 강해 짖거나 문다면 리드줄을 맨 상태에서 지금까지 강아지가 경험해보지 못했던 높은 공간(테이블이나 의자)에 올려놓고 목욕을 시도해보자. 강아지는 높은 곳에 올라가면 중심을 잡는 데 집중하느라 짖거나 무는 행동을 덜하게 된다. 그래도 여전히 물려고 한다면 강아지가 올라가 있는 테이블이나 의자를 살짝 움직여서 주의를 분산해보자.

❸ 동물병원이나 미용 숍에 갈 때

동물병원이나 미용 숍을 이용하고자 할 때는 미리 들려서 의사나 미용사와 얼굴을 익혀두는 것이 좋다. 진료를 보거나 미용을 하기 전에 산책 길에 잠깐 들러서 강아지로 하여금 그곳 분위기를 익히게 한다. 또한 의사나 미용사에게 도움을 청해 강아지에게 간식을 주게 한다면 더욱 친해질 수 있을 것이다. 만약 강아지가 간식을 먹지 않는다면 보호자가 간식을 주어 긴장을 풀게 한 다음 그곳을 익숙한 공간으로 만들고 의사나 미용사와 친해지게 한다.

미용을 위해 클리퍼(털을 깎아 다듬는 기계)를 사용할 때도 사전 준비가 필요하다. 강아지가 클리퍼의 진동 소리에 놀라지 않게 보호자가 곁에서 지켜보고, 클리퍼 끝을 살짝 대어 강아지가 진동을 느끼게 하는 동시에 간식을 주면서 진동에 대한 거부감을 없애준다. 그래야 미용하는 것과 낯선 사람의 스킨십에 대한 공포감을 없앨 수 있다. 이런 과정을 3~5회 정도 반복하고 나서 미용을 시작한다.

❹ 애견호텔에 맡길 때

처음에는 짧은 시간 동안만 호텔에 맡겨야 한다. 예를 들어 보호자가 금요일에서 일요일까지 쉰다고 가정했을 때, 금요일 저녁에 호텔에 맡기고 다음 날인 토요일 아침 일찍 방문하여 집에 데려와 강아지와 충분히 놀아준다. 그리고 그날 저녁에 다시 호텔에 맡긴 다음 일요일 오픈 시간에 데려와 충분히 놀아주는 식으로 적응 기간을 가져야 한다.

호텔에 3박 4일을 맡기든 1주일을 맡기든 최소 2주 전에 이렇게 사회화 교육을 시키는 것이 좋다. 이 교육을 5회 이상 반복한다.

강아지가 호텔에 잘 적응한다면 오랜 시간 맡겨도 되지만 그렇지 않다면 짧은 시간 맡기는 반복적인 교육을 통하여 적응할 수 있게 도와야 한다. 이렇게 충분히 교육을 하면 강아지는 보호자와 떨어지는 것에 크게 스트레스를 받지 않을 것이다.

대체로 명절이나 휴가 때 호텔링을 이용하는데, 매번 호텔에 맡길 경우 평균 3~4개월에 한 번꼴이다. 강아지에게는 항상 새로운 장소에 가게 되는 것과 마찬가지다. 그렇기 때문에 호텔에 맡기기 1~2주 전에 이러한 교육을 해서 그 공간에 익숙하게 만드는 것이 좋다.

❺ 애견카페에 갈 때

사회화 교육을 위해 애견카페에 가는 경우도 있다. 카페에 들어가서 음료를 주문하기 전 간식을 들고 카페 구석구석을 돌아다니며 강아지에게 냄새를 맡게 한다. 카페 공간을 소개하는 것이다. 이 시간은 5분 정도가 적당하다. 그리고 음료 주문을 하고 테이블에 자리를 잡은 뒤 중앙 카페 위치에서 강아지와 함께 음료가 나올 동안 기다린다. 강아지와 잠깐 놀아주는 것이 긴장도 풀리고 경계를 허무는 데도 도움이 된다. 만약 카페에 들어서자마자 테이블에 앉으면 카페 구석으로 들어가서 기다리는 것과 마찬가지라서 강아지는 더욱 경계하고 예민해진다. 따라서 미리 카페를 소개해서 잘 알고 있어야 강아지가 자리가 불편하거나 도망갈 상황이 생겼을 때 위안이 되고 두려워하지 않을 것이다.

카페 내에서 너무 짖거나 딜러드는 다른 강아지 때문에 네 강아지가 부담스러워한다면 그 자리를 잠시 피한다. 강아지가 다치거나 공격적인 성향이 나타날 수 있기 때문에 최대한 문제 행동이 발생하지 않게끔 원인을 미리 예방하고 대처하는 것이다.

반려견 운동장에 갈 때도 카페에서처럼 천천히 구석구석 냄새를 맡게 하고 중앙에서 놀아주면서 운동장에 대해 적응하는 시간을 갖는다면 강아지는 더욱 보호자에게 집중할 것이고, 즐거운 놀이와 추억을 많이 만들어갈 수 있을 것이다.

다른 집에 놀러갈 때도 카페에서와 마찬가지로 간식을 들고 집 안 구석구석을 냄새 맡게 한다. 그리고 강아지가 대소변을 볼 수 있도록 패드를 깔아놓는 장소, 물 먹는 장소를 안내해준다.

❻ 자동차로 이동할 때

요즘은 걸어서 갈 수 있는 가까운 거리가 아니면 대부분 차로 이동한다. 그러나 아직 어린 강아지에게는 밀폐되고 각종 냄새와 진동, 소리로 가득한 자동차가 낯설다. 게다가 자동차를 타면 좋지 않은 기억이 있는 장소로 가기도 한다. 그러니 강아지가 자동차를 겁내고 싫어하는 것은 당연하다. 어떻게 하면 강아지가 무서워하지 않고 쉽게 자동차에 타게 할 수 있을까?

• 차에서 놀아주기

자동차라는 공간 자체에 대한 즐거운 기억을 심어주어야 한다. 그리고 자동차에서 나는 소리나 진동, 낯선 냄새 등이 강아지를 해치지 않는다는 사실을 알려줘야 한다. 그러기 위해서는 먼저 자동차에 익숙해지도록 한다. 시동을 끈 상태에서 강아지를 차에 태워서 놀아주고 좋아하는 간식을 준다. 여기에 적응하면 시동을 켠 후 엔진 소리와 진동에 익숙해지게 한다.

• 가까운 거리 이동하기

강아지가 어느 정도 자동차에 익숙해졌다면 천천히 동네를 돌아본다.

아직 먼 거리를 이동하는 것은 무리다. 5분, 10분 등으로 시간을 점차 늘린다. 자동차의 흔들림이나 차창 밖으로 지나가는 사람들, 과속 방지 턱 등 다양한 상황을 경험하게 하면서 자동차 타기에 익숙해지게 만든다. 무사히 주행이 끝나면 간식을 주고 칭찬을 해준다.

• 먼 거리 이동하기

좀 더 멀리 가보자. 안전을 위해서 카시트나 켄넬에 강아지를 머물게 한다. 강아지가 쓰던 담요나 이불을 깔아주면 좀 더 안정감을 느낄 것이다. 새로 산 카시트라면 사용하던 쿠션이나 담요를 깔아 강아지가 익숙해지게 한다. 멀미를 한다면 차에 타기 전에 음식이나 물을 섭취하지 않도록 하고, 가능하면 흔들림이 덜 심한 발매트 쪽에 자리 잡게 한다. 멀미가 아주 심하다면 병원에서 미리 멀미약을 처방받아 먹인다. 대소변은 차에 타기 전이나 이동 도중에 차를 세워서 보게 한다. 한번에 멀리까지 가려 하지 말고 강아지의 상태를 보아가며 시간과 거리를 늘린다.

❼ 대중교통을 이용할 때

강아지와 함께 지하철이나 버스 등을 탈 수 있을까? 물론 가능하다. 다만, 강아지를 잘 막힌 이동장(켄넬)이나 가방에 넣고 불쾌한 냄새 등으로 주변에 피해를 주지 않아야 한다. 평소 훈련이 잘 되어 있다면 강아지를 목적지까지 얌전히 데려갈 수 있을 것이다. 만약 운전자가 정당한 사유 없이 동물의 승차를 거부할 경우 해당 운전자에게 50만 원의 과태료가 부과된다. 처음 대중교통을 이용하는 어린 강아지에게 지하철의 덜커덩거리는 소리와 다양한 클랙슨 소리, 사람들의 말소리 등은 좋은 사회화 교육이 되어줄 것이다.

❽ 엘리베이터에 탈 때

아파트 같은 공동주택에 산다면 엘리베이터를 이용하게 되는데, 이때도 훈련이 필요하다. 반드시 목줄을 한 채 집 밖으로 나와 엘리베이터를 기다린다. 처음에는 '딩동' 하고 엘리베이터가 도착했더라도 타지 않고 문이 열리고 닫히는 것을 지켜본다. 이렇게 다섯 번 정도 그냥 보낸다. 엘리베이터 소리에 익숙해지게 하고, 엘리베이터 문이 열리면 바로 달려드는 습관을 예방하기 위해서다.

집으로 돌아갔다가 잠시 후 다시 엘리베이터로 향한다. 이때는 엘리베이터를 등지고 있다가 문이 열리면 탄다. 만약 엘리베이터 안에 사람이 있으면 그냥 보낸다. 도중에 사람이 타면 내렸다가 다시 벨을 눌러 기다렸다가 탄다. 엘리베이터에 타는 것이 익숙해지면 강아지를 엘리베이터 구석에 앉게 한 뒤 보호자가 몸으로 막아선다. 줄은 짧게 유지하여 문 끼임 사고를 예방한다. 그리고 낯선 사람과 좁은 공간에서 같이 있는 것에 거부감이 들지 않도록 사람이 탈 때마다 칭찬을 하고 간식을 준다.

엘리베이터를 이용할 때는 반드시 목줄을 해야 한다. 아직 밖으로 나간 것이 아니므로 괜찮다고 여겨 리드줄과 목줄을 하지 않는 경우도 있는데, 강아지에게나 다른 사람들에게나 위험한 상황이 생길 수 있다. 집을 나서기 전에 목줄과 리드줄을 반드시 채우자. 또한 맹견이나 대형견은 반드시 입마개를 하고, 소형견이라도 사납거나 심하게 짖는다면 입마개를 하는 것이 좋다.

◇ 읍소거 보디 블로킹은 강아지의 흥분도를 낮춘다

강아지가 잘못된 행동을 하려고 할 때 끼어들어 그 행동을 진정시키거나 거부하는 보디 블로킹(body blocking)으로 강아지의 행동을 바로잡아보자.

먼저 문이 열리면 뛰쳐나가는 강아지의 경우다. 보호자는 현관에서부터 강아지와 마주보며 보디 블로킹을 하듯이 뒷걸음으로 걸어가면서 뛰쳐나가는 것에 대해 방어한다. 이 훈련은 문이 열리면 나가야 한다는 인식을, '내가 갈 때 너는 따라올 수 있다'는 것으로 이해시키기 위한 것이다.

엘리베이터를 탈 때도 마찬가지다. 엘리베이터 문이 열리자마자 강아지가 탄다면 사람들도 놀라고 그 반응에 강아지 역시 놀라서 짖을 수 있다. 그러한 상황은 만들지 않는 것이 좋다. 강아지는 목줄과 리드줄을 하고 있어야 한다. 보호자는 리드줄을 짧게 잡고 마주보면서 보디 블로킹을 하며 뒷걸음으로 먼저 엘리베이터 안으로 들어간다. 이 과정을 반복한다.

우리는 엘리베이터 문이 열리면 바로 타곤 한다. 별도의 훈련이 없었다면 강아지도 엘리베이터 문이 열리면 바로 타야 한다는 것으로 학습되어 있다. 하지만 강아지를 마주보고 엘리베이터에 타면서 '앉아', '기다려'를 시킨다면 강아지의 흥분도는 점점 낮아지고 차분해질 것이다.

산책을 할 때도 강아지를 흥분시키는 것이 많다. 이때 역시 아무 말 없이 강아지와 마주 보며 뒷걸음질을 하면서 강아지가 앞으로 뛰어나가려는 것을 방어해보자. 점차 흥분도가 낮아질 것이다. 이 훈련을 5~10분 정도 하면 강아지는 보호자의 움직임을 관찰하게 되고, 보호자가 하는 말에 더욱 집중할 수 있게 되어 올바른 산책을 할 수 있다.

 강아지가 가고자 하는 곳을 잘 관찰하여 보디 블로킹을 해야 하며, 절대 리드줄을 당기거나 말을 해서는 안 된다.

• 계절별 야외 활동 포인트 •

➜ 봄
미세먼지와 황사가 심한 날은 외출을 자제하고 외출 후 목욕시키기
섬유질 음식과 물을 많이 먹여 노폐물로부터 보호하기
털갈이를 하며 피부병에 쉽게 노출되는 시기로 일광욕과 빗으로 털 손질해주기
예방접종이 끝나지 않은 어린 강아지는 공원이나 카페 등에 가지 않기
광견병 예방접종을 하고 진드기 등 외부 기생충에 주의하기

➜ 여름
식기 건조는 철저하게, 사료는 서늘한 곳에 보관하기
세균 번식 예방을 위해 몸(특히 귀와 발)과 자리(방석, 침구류)를 청결하고 건조하게 유지하기
일사병 예방을 위해 무더운 날은 산책을 자제하고 물을 많이 먹이기
여름철 대표 질병인 심장사상충 예방하기
체온 조절 능력이 없는 강아지를 위해 실내를 시원하게 해주기

➜ 가을
봄에 이어 털갈이를 하는 시기이므로 빗으로 자주 손질해주기
실내 온도에 익숙해져 있으므로 외출 시 옷을 입혀 체온 유지해주기
자주 환기를 하고 규칙적인 청소로 바이러스 노출 예방하기
추위에 대비하여 양질의 사료를 먹이되 비만해지지 않게 주의하기

➜ 겨울
햇볕이 좋은 날 가볍게 산책을 해서 건강 유지해주기
활동 감소로 인한 비만과 스트레스를 예방하고 운동시키기
따뜻한 모포와 매트를 마련해주고 외출 시 옷을 입혀 체온 유지해주기
건조한 환경으로 인해 피부병에 걸리지 않게 보습에 신경 쓰기
가습기를 이용해서 실내 습도가 40% 이상 되도록 하기

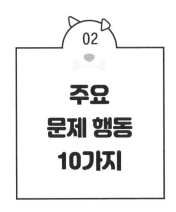

주요 문제 행동 10가지

초인종이 울리자마자 달려나가 집 안이 떠나가라 짖어댄다. 손님이 오면 이빨을 드러내며 으르렁거린다. 집에 혼자 두고 외출했다 돌아오면 집 안 여기저기에 대소변을 싸고, 물건들을 물어뜯어 난장판을 만들어놓는다. 산책을 나가면 낯선 강아지나 사람을 향해 짖어대거나 공격한다. 심지어 자기 배설물을 먹어치운다.

평소에는 잘 지내는 것 같다가도 가끔 이렇게 이해할 수 없는 행동을 한다. 대체 왜 그럴까? 강아지들이 가장 많이 보이는 문제 행동 10가지를 정리해보았다.

1 초인종이 울리거나 손님이 오면 짖는다

강아지의 문제 행동 중에서 가장 많이 언급되는 것 중 하나가 짖기다. 초인종 소리가 나면 강아지는 현관 앞으로 달려가 컹컹 짖기 시작한다. 문이 열리고 택배 배달원이나 손님이 보이면 더 세차게 짖어대고 심지어 으르렁거리기까지 한다.

강아지가 짖는 데는 여러 가지 이유가 있다. 어떤 대상을 경계할 때나 공포를 느낄 때, 놀랐을 때, 그리고 무언가를 요구할 때 등 짖는 이유는 다양하다. 강아지는 귀나 꼬리 등의 움직임으로 의사표현을 하는데, 짖기도 그중 하나다. 문제 행동이 아니라 강아지 본능과 관련이 있다는 말이다. 그러나 강아지가 필요 이상으로 짖어대거나 짖어서는 안 될 상황에서 짖는다면 왜 그런지 문제의 원인을 살펴보고 그에 맞는 해결책을 고민해야 한다. 그래야 가족들과는 물론 이웃들과도 원만하게 지낼 수 있다.

◇ 왜 그럴까

손님이 왔을 때 보호자가 "누구세요?"라고 확인하는 것처럼, 강아지도 짖는 것으로 보호자의 그런 행동을 따라한다. 그러나 짖다 보면 흥분도가 높아지면서 강아지 스스로도 제어할 수 없는 상태가 된다. 보호자가 그 상황을 무마하기 위하여 안아주면 강아지는 그것을 자신에 대한 관심으로 착각한다. 그리고 보호자가 안고 그 자리를 떠나면 자신이 짖

었기 때문에 상황이 정리되었다고 여긴다. 이때 기억해야 할 것은 강아지가 짖을 때 바로 크레이트에 가두거나 야단을 치면 보호자와의 신뢰관계가 깨지게 된다는 사실이다. 게다가 강아지는 연상 작용을 통해 손님이 오면 으레 짖는 것으로 인식하게 된다.

◇ 이렇게 해보자

초인종 소리에 짖기 시작하면 간식을 벽에 던진다

강아지가 초인종 소리에 짖는다면 그 소리를 좋은 기억으로 인식시켜 줄 필요가 있다. 간식을 이용해 훈련을 해보자. 초인종이 울리면 벽에 간식을 조용히 던진다. 그러면 강아지는 간식을 먹는 데 정신이 쏠릴 것이다. 이런 행동을 반복하면 강아지는 초인종 소리가 나면 간식을 먹는다고 생각해 초인종 소리가 나면 자연스럽게 벽을 보고 간식을 기다린다. 강아지는 간식을 먹을 때 흥분도가 낮아지므로 이를 이용하는 것이다. 짖을 때 안거나 잡으려고 하면 오히려 더욱 흥분하게 되고, 자신을 해치는 것으로 생각한다.

또한 강아지는 사회화 시기에 다양한 소리를 듣지 못하고 많은 사람들을 접하지 못했을 때도 짖는다. 손님 앞에서 왔다갔다하거나 초인종 소리에 강아지가 우뚝 서 있다면 그것은 경계 상태를 의미한다. 이때도 간식을 활용해 긴장을 풀어주고 방문객과 친해질 수 있도록 한다.

다음은 두려워하는 경우다. 의자 또는 포인트가 될 만한 곳에서 '앉아', '엎드려' 상태에서 초인종 소리를 듣거나 방문객을 만나게 한다. 강아지가 짖을 때 혼내지 않도록 하고, 조용해지면 칭찬을 해준다. 강아지가 조용히 거실 바닥으로 내려와 앉았을 때 칭찬을 해주면 앞으로는 더욱 바르게 행동할 것이다.

◇ 그 밖의 짖기

• 바깥 소리에 짖는다

강아지들은 바깥에서 작은 소리만 들려와도 짖는 경우가 많다. 짖으면 그 소리가 사라진다고 생각해서 습관적으로 그런 행동을 하는 것이다. 그럴 때 텔레비전이나 라디오 등을 켜서 소리에 익숙해지게 하고, 자주 산책을 나가 바깥의 다양한 소리를 듣게 해주는 것이 좋다.

• 산책할 때 짖는다

산책을 할 때 유난히 다른 강아지나 사람을 보고 짖는 경우가 있다. 보호자를 지키고자 하는 마음에서 하는 행동이다. 이때는 '기다려'와 '엎드려' 훈련을 통해서 이를 바로잡아주어야 한다.

• 헛짖는다

가끔 아무 소리가 나지 않는데도 허공에 대고 컹컹 짖는 경우가 있다. 보호자의 관심을 끌기 위해서 하는 행동이다. 그럴 때는 무시하는 것이

보호자의 잘못된 행동의 예

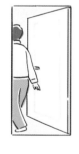

훈육할 의도로 그 자리를 피한다   달래려고 안아준다

강아지가 무서워하는 것 중 하나가 바로 진공청소기다. 진공청소기가 윙윙 소리를 내면서 먼지를 빨아들이기 시작하면 강아지는 청소기를 향해 짖다가 가까이 다가오면 도망을 가거나 숨는다. 이때 보호자들은 대개 청소기를 끄고 강아지를 끌어안거나 쓰다듬으며 안정시키려 한다. 그러나 이런 행동은 오히려 강아지에게 공포를 더욱 강화시킬 뿐이다. 그렇다면 어떻게 해야 할까? 먼저 소음에 대한 과도한 공포심을 최소화하고 더 나아가 없애줘야 한다. 이를 행동치료 분야에서는 '탈감작(desensitization)'이라고 한다.

강아지가 무서워하는 소리를 인터넷에서 다운로드한다. 실내를 최대한 조용하게 하고 강아지를 편하게 쉬게 한 다음 오래 핥아 먹을 수 있는 간식을 준다. 다운받은 소리를 처음에는 무음으로 하다가 천천히 높인다. 만약 강아지가 소리에 반응하여 간식 먹는 것을 중단한다면 소리를 끈다. 이러한 과정을 하루에 5~10분간 반복해서 실시한다.

이 훈련을 할 때는 문제가 되는 소리를 크게 내지 않아야 한다. 청소기 소리에 대한 탈감작 훈련을 하는 중에는 청소기를 작동하지 말아야 한다는 뜻이다. 청소기를 켜야 한다면 다른 사람에게 부탁해 강아지를 데리고 나가 산책시킨다.

강아지가 어떤 소리에 민감하게 반응한다면 탈감작 훈련을 통해서 극복하도록 도와주어야 한다. 처음에는 별 문제 아닌 것 같아도 시간이 지나면 일상생활이 힘들어질 정도로 심각해질 수 있기 때문이다.

좋다. 만약 반응을 보이면 강아지는 앞으로 더 자주 그런 행동을 할 것이다.

이사 후 짖는다

강아지는 환경 변화에 민감하다. 특히 이사 후에 불안감과 두려움이 커지는데, 자주 짖거나 마킹 등을 하는 것도 그런 감정의 표현이다. 이때 짖는다고 해서 안아주거나 달래주는 것은 그런 행동을 더욱 부추기게 되므로 조용하게 지켜보면서 강아지가 편히 쉴 수 있는 공간을 마련해주고 좋아하는 장난감이나 물건 등을 넣어준다. 시간이 지나고 새로운 공간에 대한 탐색이 끝나면 강아지는 다시 안정을 찾게 될 것이다.

2 집 안 물건을 물어뜯어 망가뜨린다

물어뜯는 것 역시 강아지의 주요 문제 행동 가운데 하나다. 강아지는 가까운 데 있는 물건을 씹으면서 주변 환경을 익히는 경향이 있다. 특히 자신과 접촉이 많은 보호자의 물건에 관심을 보인다. 보호자의 체취가 밴 의자나 소파, 신발 등은 아주 좋은 사냥감인 것이다. 강아지 자신의 대소변 냄새가 밴 패드도 마찬가지다. 어느 날 외출했다 돌아왔을 때 찢긴 패드가 눈처럼 흩날리는 모습을 보게 될지도 모른다. 이처럼 물고 뜯는 것은 강아지의 본능이지만 먹거나 마셔서는 안 되는 것을 삼킬 수도 있으므로 미리 훈련 등을 통해 적절한 방법으로 바로잡아주어야 한다.

◇ 왜 그럴까

강아지는 입으로 탐색하고 먹고 장난친다. 입은 강아지에게 있어 매우 중요한 기관의 하나이고, 물거나 씹는 것은 본능적인 행동이다. 강아지는 어릴 때 어미 개와 형제 개들에게서 무는 법을 배우고, 이갈이 시기에는 주위 물건을 물고, 뜯고, 씹으면서 살아가면서 필요한 것들을 학습한다. 그런데 이때 제대로 배우지 못했다면 어느 정도 자라서 입양이 됐더라도 물거나 씹는 것으로 문제를 일으킬 가능성이 있다. 특히 어린아이가 있는 집이라면 그 문제는 더욱 심각해질 것이다. 따라서 장난으로 물더라도 사람과 어울릴 때는 적절하지 않다는 것을 가르쳐야 한다.

또한 강아지가 물건을 심하게 물어뜯는 것은 스트레스를 받고 있거나 심심해서일 가능성이 높다. 하루 종일 혼자 집을 지켜야 한다면 얼마나 심심하겠는가. 그때 강아지의 눈앞에 놓인 모든 물건은 심심풀이 대상이다. 장판이나 벽지 등을 긁으면서 신이 나서 땅을 파는 본능적인 행동이 과도하게 나타나는 경우도 있다.

◇ 이렇게 해보자

내적 동기를 외적 동기로 바꾸어준다. 즉 보호자와 관련 있는 물건을 무는 즐거움인 내적 동기 활동에서 목적에 의해 행동하는 외적 동기로 바꾸어주는 것이다. 예를 들어 강아지가 신발을 물어뜯는다면 일정 기간 신발 속에 간식을 넣어두고 먹게 한다. 그런 다음 간식이 들어 있지 않은 신발을 준다. 그러면 강아지는 목적이 없어진 신발에 흥미가 사라져 점차 신발을 물어뜯는 행동을 하지 않게 될 것이다.

강아지에게 신체적·정신적 자극을 주는 것도 좋다. 외출할 때 콩 장난감 등을 주어 스트레스 해소도 하고, 분리불안도 예방하게 한다. 감촉

자주 물어뜯는 신발에
간식을 넣어서 준다

콩장난감이나 촉감이 다른 깔개 등
다양한 장난감을 준다

이 다른 깔개들을 놓고 걷게 하는 것도 좋다. 또는 강아지의 먹이가 적절한지도 확인한다. 필수 영양소가 부족하거나 소화관 장애가 있는 경우에도 지나치게 씹는 행동을 보일 수 있다.

◇ 강아지가 물어뜯기 좋아하는 것들

장판이나 벽지, 문턱 ➡ 물어뜯기 방지 스프레이를 뿌리거나 강아지가 싫어하는 맛을 발라둔다.

양말 등의 의류 ➡ 보호자의 체취 때문에 좋아한다. 강아지가 닿을 수 없는 곳에 둔다.

슬리퍼나 샌들 ➡ 보호자의 체취 때문에 좋아한다. 다른 장난감으로 대체한다.

목줄이나 리드줄 ➡ 서랍 속 같이 강아지가 닿을 수 없는 곳에 보관한다.

울타리 ➡ 물어뜯을 수 있는 나무나 플라스틱으로 된 제품은 피한다.

패드 ➡ 펄럭거리는 움직임이나 독특한 질감 때문에 좋아한다. 배변 훈련

시 물어뜯지 않도록 교육시킨다.

전기 콘센트 ➡ 감전의 위험이 있으므로 주의하고, 물어뜯었다면 새것으로

바꾼다.

마우스 ➡ 씹어 삼킨다면 위장에 상처를 줄 수 있으므로 치워둔다.

3 지나가는 사람이나 다른 강아지를 공격한다

산책을 위해 기분 좋게 집 밖으로 나왔다. 그런데 몇 걸음 가기도 전에 강아지가 골목에서 만난 다른 강아지나 사람에게 이빨을 드러내고 으르렁거린다. 심지어 리드줄이 팽팽해지도록 가까이 가서 금방이라도 공격할 자세를 취한다. 어떻게 해야 할지 난감하다. 집 안에서는 얌전한 강아지가 왜 밖으로 나오면 공격적으로 변하는 것일까?

◇ 왜 그럴까

강아지가 낯선 사람에게 공격성을 보이는 것은 알파증후군(강아지 스스로가 가족들보다 서열이 높다고 생각하여 보호자나 영역을 지키기 위해 과도한 공격성을 보이고 행동이 통제되지 않는 것)일 가능성이 높다. 자신의 영역 안에서 보호자를 지키기 위해 공격적인 행동을 보이는 것이다. 또는 보호자와 지나치게 불안정한 애착관계를 형성하고 있을 수도 있다. 강아지는 그 사람이 보호자와 자신에게 피해를 줄 것이라고 오해하여 짖거나 무는 등의 공격성을 보이는 것이다.

다른 강아지에게 공격성을 보이는 것은 사회성이 부족해서일 가능성이 높다. 아직 어린 강아지라면 올바른 교육으로 다른 강아지와 친하게 지내게 해줘야 한다.

앞에서 다가오는 강아지가 있으면 재빨리 뒤로 돌아 '앉아'를 한다

아직 산책에 익숙하지 않고 공격성이 심하다면 멀리서 강아지가 이쪽으로 오고 있을 때 재빨리 반대편으로 간다. 그리고는 "앉아", "기다려"라고 말한 뒤 간식을 주면서 다른 강아지가 지나갈 때까지 기다린다.

성견 중에서 공격성을 보이는 경우는 다른 강아지와 친하게 지내기가 쉽지 않다. 다른 강아지에게 상처를 입힐 수 있으므로 항상 입마개를 착용하고 다른 강아지와 갑자기 접할 때를 대비해서 조심하는 게 좋다. 보호자가 조바심을 내고 긴장을 하면 더욱 공격성을 보일 수 있기 때문에 침착하게 행동한다. 사람에게 공격성을 보일 때 할 수 있는 '인사 훈련'을 배워 보자.

훈련 동영상
QR 코드

1. 산책 전에 '앉아', '엎드려', '기다려' 등의 훈련을 한다. 자극이 많은 바깥에서도 보호자의 말에 따를 수 있게 집중력 있게 훈련을 시킨다.

2. 특정 사람을 향해 짖을 때는 그 사람에게 줄을 넘겨주어 주도권을 갖도록 한다.

3. 만나는 사람과 천천히 인사를 하면서 강아지로 하여금 냄새를 맡게 하고, 자연스럽게 줄을 건네주는 릴레이 형식의 놀이를 하면서 낯선 사람에 대한 경계심을 낮출 수 있도록 한다.

◇ 보호자에게 공격성을 보인다

강아지에게 빗질이나 목욕, 미용, 귀 청소, 발톱 깎기, 목줄을 채울 때 과도한 스트레스로 인해 보호자에게 공격적인 자세를 보이는 경우가 있다. 이럴 때는 간식으로 관심을 돌리면서 천천히 진행하도록 한다. 강아지가 쉬거나 잠을 잘 때 건드리면 공격성을 보이기도 하니 가능하면 건드리지 않도록 한다.

◇ 같이 사는 강아지에게 공격성을 보인다

다견 가정일 때는 보호자가 올바른 서열을 잡아줘야 한다. 만약 그렇지 않으면 서로 대장으로 인식하여 공격적인 행동을 할 수 있다. 분리불안일 경우도 집착으로 인해 공격성을 보이기 때문에 미리 예방하고 교육해야 한다.

4 보호자나 물건에 집착이 심하다

우리도 정말 좋아하는 물건은 남에게 주기 싫어하듯이 강아지도 마찬 가지다. 강아지는 주로 보호자, 사료, 간식, 장난감에 집착을 보인다. 그 런데 때로는 필요 이상으로 집착하여 보호자가 그 물건에 손이 닿거나 빼앗으려고 하면 공격성을 보이는 등 문제 행동을 일으키기도 한다. 강 아지는 왜 이렇게 사람이나 물건에 집착하고, 거기에서 벗어나게 하려 면 어떻게 해야 할까?

◇ 왜 그럴까

• **물건**

강아지에게 제때 밥을 주고 원하는 물건을 다 갖게 해주는데도 왜 한 가지 물건에 집착하는 것일까? 그리고 왜 사람들은 그 물건에 손도 못 대게 하는 것일까? 조금은 섭섭한 마음이 들 것이다. 강아지가 특정 물 건에 집착하는 이유는 불안 때문일 가능성이 높다. 강아지가 어릴 때 장 난감이나 간식을 줄 듯 말 듯하다가 치워버린 장난을 한 적이 있을 것이 다. 보호자의 입장에서는 강아지의 반응이 재미있어 놀렸던 것인데, 강 아지는 보호자가 자기가 좋아하는 물건을 빼앗는 사람이라고 생각하게 되고 집착 증상을 보이게 된다.

특정 물건에 집착할 때 다음과 같은 반응을 보인다.

1. 좋아하는 물건을 구석에 숨기려 한다.

2. 좋아하는 물건을 보면 흥분하거나 순간적으로 달려든다.

3. 보호자가 빼앗으려고 하면 으르렁거리거나 달려든다.

4. 애교를 부리다가도 그 물건을 주면 표정이 달라진다.

• 사람

강아지는 물건뿐만 아니라 사람에게도 집착을 보인다. 보호자가 잠시만 곁에 없어도 안절부절못하고, 다른 사람이 다가오는 것을 싫어하며, 누군가 품에 안기기라도 하면 폭풍 질투를 한다. 이것이 심해지면 분리불안으로 이어지기도 한다. 그렇다면 강아지는 왜 이런 반응을 보일까? 어릴 때 버려진 기억이 있거나 보호자의 관심이 급격히 줄었거나 반대로 지나치게 과잉보호를 했을 때다. 사람과의 관계에서 비롯된 문제라는 말이다.

사람에 집착할 때 다음과 같은 반응을 보인다.

1. 혼자 두면 불안감에 벌벌 떨거나 구토를 한다.

2. 숨은 상태에서 계속 울부짖는다.

3. 원하는 것을 들어줄 때까지 떼를 쓴다.

4. 음식을 먹여줄 때까지 기다린다.

5. 사람이 자신의 곁에 오거나 안아줄 때까지 짖는다.

• **물건**

"놔"라고 하며 입에 문 물건을 빼낸다

물건에 대한 집착이 강할 때는 '놔' 훈련을 해보자. 강아지가 먹이나 장난감을 입에 물고 있을 때는 강제로 빼앗지 않아야 한다. 만약 빼앗는다면 상실감을 느낄 수도 있기 때문이다. "놔"라는 명령어와 함께 입 안에 있는 물건을 빼내는 훈련을 한다. 이때 주의할 점은 "놔"라는 명령을 한 후 강아지 스스로 입 안의 물건을 내려놓도록 해야 한다는 것이다. 강제로 빼앗거나 당겨서 놓게 해서는 안 된다. 대체할 수 있는 간식이나 장난감으로 관심을 돌린 뒤 그 물건을 놓도록 한다. 이렇게 반복하다 보면 보호자는 물건을 빼앗는 사람이 아닌 더 좋은 것을 주는 사람으로 인식하고 신뢰하게 될 것이다.

• **사람**

사람에게 집착할 때는 강아지가 혼자 있는 것에 익숙해지게 한다. 잠

가족들이 돌아가면서 돌보고 산책시킨다

자리를 분리하고 사료, 간식, 산책 등을 가족들이 돌아가면서 담당한다. 또한 편히 쉴 수 있는 혼자만의 공간인 하우스를 만들어준다. 강아지가 사람이나 물건에 집착하는 가장 큰 이유는 따뜻한 관심이 부족해서일 수 있다. 강아지가 불안해하지 않도록 가족 모두가 따뜻한 관심을 기울여주자.

◇ 강아지가 집착하는 물건들

• **쓰레기통**

강아지에게 쓰레기통은 그야말로 보물창고와 같다. 코를 자극하는 다양한 냄새가 나는데다 탐색 본능마저 발동시키기 때문이다. 그러나 무엇이든 꿀꺽 삼키는 습성 때문에 이물질 등을 먹고 건강에 이상이 생길 수 있으니 강아지가 안 닿는 곳에 두고 내용물을 자주 비운다. 집을 비울 때마다 쓰레기통을 뒤져 집 안을 어지럽힌다면 외출 전에 강아지와 함께 산책하는 것도 좋다. 또는 간식을 여기저기 숨겨두거나 깨물고 놀 수 있는 장난감을 준다.

• 인형·패브릭

부드러운 촉감의 패브릭이나 푹신푹신한 인형은 강아지에게 어미개를 기억나게 한다. 그래서 인형을 가지고 장난을 친다거나 빼앗으려고 하면 공격성을 보일 수도 있다.

• 공

강아지에게 공은 어디로 튈지 모르는, 그래서 쫓아가는 재미를 주는 최고의 장난감이다. 또한 입에 물면 충족감과 안정감을 느낄 수 있다.

• 처음 보는 물건

사람과 마찬가지로 강아지도 처음 보는 물건에 관심이 많다. 물거나 냄새를 맡으면서 그 물건의 정체를 알아낸다. 이때 그 물건에 대한 좋은 기억이 있다면 집착으로 이어질 수 있다.

5 혼자 두면 집 안을 엉망으로 만든다(분리불안)

강아지가 애착관계에 있는 보호자와 떨어져 있을 때 불안정한 심리 상태를 보이는 것을 '분리불안'이라고 한다. 보호자가 방에만 들어가도 따라와 낑낑거리고, 잠깐 쓰레기를 버리러 나가도 현관 앞에서 울어댄다. 보호자가 외출을 하고 혼자 있게 되면 하루 종일 짖고, 물건을 물어뜯고, 집 안을 난장판을 만든다. 심하면 보호자가 외출 전 공격성을 드러내거나 갇혀 있는 곳에서 탈출을 시도하다가 발톱이 빠지는 등 다치기도 한다. 대체 왜 이런 극단적인 행동을 보일까?

◇ 왜 그럴까

입양된 지 얼마 안 된 어린 강아지라면 집에 혼자 덩그러니 남게 되는 상황이 익숙하지 않다. 그래서 두렵고 어리둥절하다. 심지어 지루하기까지 하다. 강아지가 분리불안 증상을 보이는 이유는 공포와 지루함 때문이라고 한다. 강아지는 사회적인 동물로, 무리와 함께 있어야 안전과 먹이를 보장받는다고 생각한다. 그런데 무리(가족)에서 떨어져 혼자 지내게 되면 불안에 시달리고 공포마저 느낀다. 게다가 보호자가 돌아올 때까지 할 일도 없다. 그래서 강아지는 짖거나 물건을 망가뜨리는 등의 행동을 해서 상황을 이겨내려 한다.

어린 강아지만이 아니라 성견도 어릴 때 사회화 교육이나 혼자 있는 훈련을 충분히 받지 못했다면 분리불안 증상이 나타날 수 있다. 또 혼자

흔한 분리불안 증상들

눈에 초점이 없고
동공이 확대되어 있다

문 앞에서 계속 울거나
짖는다

현관 주변에
대소변을 흘린다

남겨졌을 때 부정적 경험을 했거나 보호자와 24시간 함께 지내다가 갑자기 장기간 떨어지게 될 때도 이런 증상이 나타날 수 있다.

보호자와 떨어져 있을 때 보이는 증상은 강아지마다 다르다. 모든 강아지가 짖거나 물건을 물어뜯는 것은 아니라는 뜻이다. 그래서 어떤 보호자는 자신의 강아지에게 분리불안이 있었다는 사실조차 모르기도 한다. 집착을 보이는 대상도 사람만이 아니라 다른 강아지나 인형, 장난감이 될 수도 있다.

다음과 같은 증상을 보이면 분리불안을 의심해보자.

- 눈에 초점이 없고 동공이 확대되어 있다(공황 상태인 사람의 눈과 흡사하다).
- 보호자가 외출하면 현관, 창문 주변을 안절부절못하고 끊임없이 돌아다닌다.

- 가쁜 숨을 몰아쉬며 침을 많이 흘린다.

- 현관, 창문, 방문 또는 그 바닥 면을 긁거나 물어뜯는다.

- 발톱이 닳아 있거나 손과 발, 입, 잇몸 등에 피가 난 적이 있다.

- 보호자가 돌아올 때까지 하루 종일 울거나 짖는다.

- 밥이나 물, 간식을 먹지 못한다.

- 하루 종일 문 앞에 앉아서 꼼짝도 하지 않는다.

- 보호자가 외출에서 돌아오면 현관이나 문 주변에 대소변을 흘린다.

- 바닥에 강아지의 발자국이 찍혀 있다(발바닥에서 땀이 많이 흐른다).

◇ 이렇게 해보자

혼자 있는 것을 견디지 못하는 강아지에게는 보호자가 다시 돌아올 것이라는 인식을 심어주는 게 중요하다. 먼저 '기다려' 훈련을 해보자. 강아지에게 "기다려"라고 말한 후 밖으로 나갔다가 5분 뒤 들어온다. 이런 식으로 점차 시간을 늘려가면 강아지는 보호자가 눈앞에서 사라져도 곧 돌아올 것이라고 생각한다. 그리고 외출 전에 강아지가 좋아하는 장난감이나 사료가 든 콩장난감 등을 주어 무료한 시간을 무사히 보내도록 한다.

분리불안 증상이 다양한 만큼이나 훈련도 그에 맞게 해야 한다. 그러나 훈련은 생각만큼 쉽지 않고, 금방 문제 행동이 바로잡히지도 않는다. 또 증상이 완화되었다고 해도 보호자가 꾸준히 노력해야만 학습 효과가 오래 지속된다. 강아지가 분리불안으로 의심되는 증상을 보이면 행동심리 전문가에게 도움을 청하는 것이 좋은데, 특히 분리불안은 보호자와의 관계에서 비롯되는 경우가 많은 만큼 강아지의 마음을 헤아리는 것을 최우선으로 하자. 그리고 정서적 원인뿐만 아니라 식생활, 일상, 건강, 유전적 질환이 원인이 되기도 하므로 다양한 방면에서 접근하여 문제를 해결하도록 하자.

◇ 고립장애와 구별하기

분리불안과 비슷한 용어로 고립장애(isolation distress)가 있다. 고립장애는 강아지가 단순히 혼자 남겨졌을 때 보이는 과잉 행동 장애를 말한다. 애착관계인 대상과 떨어져 있기를 강하게 거부하는 분리불안과는 다르다. 강아지가 보호자 이외의 대상(사람, 강아지 등)과 함께 있을 때 불안해하지 않는다거나, 혼자 두고 나갔을 때 사료나 간식을 잘 먹는다면 고립장애로 볼 수 있다. 이 경우 강아지는 단지 지루해서, 평소에 훈련이 잘 이루어지지 않아서, 스트레스를 어떻게 발산해야 할지 몰라서, 밖에 나갈 수 없다는 스트레스 때문에 집 안을 어지르고 짖어대며 대소변을 보는 것이다.

6 식탐이 강하다

대부분의 강아지는 사료를 주면 제대로 씹지도 않고 꿀꺽 삼키다시피 먹는다. 그러고는 입맛을 다시며 빈 밥그릇과 보호자를 번갈아 바라본다. 안타까운 마음에 좀 더 주면 허겁지겁 먹다가 음식물이 목에 걸려 켁켁거린다. 누가 빼앗아 먹는 것도 아닌데, 천천히 먹으면 좋으련만 늘 이런 패턴이 반복된다. 반면에 기호성이 좋다고 소문난 사료를 주어도 먹는 둥 마는 둥 하는 입 짧은 강아지도 있다. 왜 이렇게 상반된 반응을 보일까? 그리고 이런 행동을 바로잡기 위해서는 어떻게 해야 할까?

◇ 왜 그럴까

강아지는 왜 이렇게 음식 앞에서는 자제력을 잃을까? 먼저 유전적 요인을 꼽을 수 있다. 같은 어미에게서 태어난 형제라 해도 성격이 제각기 다르듯 식욕 역시 차이를 보인다. 타고난다는 말이다. 오래전 야생에서 살 때와 달리 언제든 음식을 먹을 수 있는데도 음식 냄새를 맡기만 하면 침을 흘리며 달려든다. 이렇게 먹다 보면 자연스럽게 비만이 되기 쉽고, 각종 질병에 걸리기도 한다.

다음은 환경적인 요인이다. 어릴 때부터 다른 강아지와 경쟁적인 상황에서 먹이를 먹었다면 식탐이 강할 수 있다. 애견숍 등에서 지내다 온 강아지도 마찬가지다. 제때 원하는 양을 먹지 못했다면 역시 먹이에 대한 강박증이 생길 수 있다.

기다려 훈련을 한다　　　슬로우 밥그릇을 사용한다　　　밥그릇을 바꾼다

　　무리하게 식탐을 줄이기보다는 급하게 먹거나 강박증이 생기지 않도록 바로잡는 것이 중요하다. 먼저, 여러 마리의 강아지와 지낸다면 밥 먹는 공간을 분리해주고 각자 밥그릇을 하나씩 놓아준다. 다음으로 식사 시간을 불규칙하게 하다. 식사 시간만 되면 밥을 달라고 조르는 버릇을 고칠 수 있다. 예를 들어 전에는 아침저녁으로 주었다면 같은 양을 네다섯 번으로 나누어 조금씩 준다. 그리고 밥을 먹기 잠시 전에 기다리게 한다. "앉아", "기다려"를 하여 기다리게 한 다음 강아지가 안정되면 밥을 준다.

　　또한 강아지가 평소에 덜 좋아하는 먹이를 주어 밥그릇에 집착하는 경향을 줄이거나, 밥을 먹은 즉시 밥그릇을 치운다. 사료를 노즈워크에 넣어 주거나 급하게 먹는 강아지를 위한 슬로우 급식기 등을 이용해도 도움이 된다.

7 입이 짧다

인터넷의 강아지 카페나 자주 가는 애견숍에서 맛있다고 추천한 사료를 줘도 강아지는 서너 번 먹다가 만다. 아직 성장 중인 강아지라면 사료를 게 눈 감추듯 먹고도 빈 밥그릇을 싹싹 핥아야 정상이다. 그러나 강아지마다 성격이 다르듯 먹는 것에 대한 기호나 먹는 양 역시 다르다. 강아지가 밥을 잘 먹지 않는다면 다음 내용을 점검해보자.

자율급식을 하고 있는가? 자율급식은 언제나 원하는 때 먹을 수 있는 반면에 입이 짧아지게 하는 원인이 될 수 있다. 늘 밥이 거기 있기때문에 흥미도 그리 생기지 않고, 간식이라도 있다면 더욱 밥을 멀리하게 될 것이다. 간식 역시 입이 짧아지게 하는 원인이다. 간식에는 강아지의 입맛을 자극하기 위해 강한 향을 첨가하는데, 강아지가 사료보다 간식을 더 좋아하는 것은 당연하다.

실내에서 주로 생활하는 강아지라면 운동 부족도 원인 중 하나다. 가족이 외출하고 혼자 있을 때 강아지는 대부분의 시간을 잠을 자면서 보낼 것이므로 밥맛이 있을 리 없다. 또는 사료가 입맛에 맞지 않거나 질병이 문제일 수도 있고, 스트레스를 받아서일 수도 있다.

◇ 이렇게 해보자

입이 짧은 강아지를 위한 가장 쉽고 확실한 방법은 에너지를 소모시

산책이나 실외 놀이로
에너지를 소모시킨다

키는 것이다. 매일 규칙적으로 산책을 하고 뛰어놀게 해서 에너지 소모량을 늘려주면 밥도 더 잘 먹을 것이고 문제 행동도 바로잡을 수 있을 것이다. 제한급식도 하나의 방법이다. 시간을 정해 밥을 주고, 밥을 먹는 동안 강아지를 격려하고 교감을 하는 것은 물론 건강도 살필 수 있다.

간식은 가능한 한 주지 않도록 한다. 다만, 강아지가 예쁜 짓을 했거나 훈련을 잘 했을 때 주는 식으로 특별할 때만 주는 것으로 인식하게 한다.

모든 일에는 원인과 결과가 있듯이, 강아지도 처음부터 입이 짧지는 않았을 것이다. 왜 사료를 잘 먹지 않게 되었는지 곰곰이 생각해보고, 원인을 알았다면 차근차근 바로잡아가도록 하자.

8 배설물을 먹는다(식분증)

강아지가 자기 배설물이나 다른 동물의 배설물을 먹는 것을 식분증(또는 호분증)이라고 한다. 초보 보호자가 그런 모습을 본다면 깜짝 놀라고 혹시 건강에 문제가 있는 것은 아닌지 걱정이 되겠지만, 의외로 많은 강아지들이 배설물을 먹는다. 그렇다면 왜 강아지는 식분증 증상을 보일까? 호기심이나 영양분 부족, 건강 이상, 스트레스, 또는 잘못된 배변 훈련 등이 원인으로 지목된다. 주로 어린 강아지에게서 많이 나타나고 수컷보다는 암컷, 다견 가정에서 자란 강아지일수록 더 많이 나타난다.

◇ 왜 그럴까

식분증의 원인은 크게 영양분 부족, 건강 이상, 스트레스, 행동상의 문제로 나눌 수 있다.

먼저 몸에 필요한 영양분이 부족하거나 소화 효소가 부족할 때 배설물을 먹으려고 한다. 소화기에 문제가 있어 먹은 음식을 한번에 소화시키지 못할 때도 배설물을 먹는다. 또한 췌장염이나 장염 등으로 치료를 받은 강아지가 후유증으로 식분증을 보이는 경우도 있다. 음식 섭취량이 현저히 부족할 때도 배설물을 입에 댄다.

스트레스를 풀 수 없을 때나 무료할 때도 자신의 배설물을 먹고, 사람의 관심을 끌기 위해서 먹는 경우도 있다. 배설물을 먹으면 보호자에게 야단을 맞지만, 강아지는 그 반응조차 관심을 받는 것이라고 생각할 수 있다. 산책했을 때 본 다른 강아지의 행동을 따라하는 경우도 있다.

어릴 때 받은 잘못된 배변 훈련의 영향도 있다. 강아지가 배설을 하면 억지로 냄새를 맡게 하면서 "여기다 싸면 안 돼"라고 주의를 주는데, 이것이 강아지에게는 혼나는 걸로 느껴질 수 있다. 그래서 다음부터는 안 보이는 구석에서 배설을 하고 그 흔적을 먹어서 없앤다.

식분은 강아지에게 자연스러운 행위라고는 해도 보호자가 볼 때 비위생적일 뿐만 아니라 그 혀로 자신의 얼굴을 핥는다고 생각하면 썩 유쾌하지는 않을 것이다. 게다가 건강에 문제가 있는 다른 강아지의 배설물을 먹고 기생충 등에 감염될 위험도 있다. 그렇다고 이상한 행동은 아니니 혼내지 말고 상황을 정리해서 행동을 바로잡아주도록 하자.

먼저 식분을 막는 가장 쉬운 방법은 배설물 강아지의 눈앞에서 치우는 것이다. 이때 미리 배변 훈련을 해서 구석에서 볼일을 보지 않도록 하는 것이 중요하다. 만약 강아지가 배설물을 먹는 모습을 보았더라도 혼내거나 소란을 피우지 말고 차분하게 즉시 배설물을 치운다.

사료를 바꾸는 것도 방법이다. 사료를 바꿔서 대변의 성분과 냄새가 바뀌게 하는 것이다. 또는 다양한 효소제를 사료에 섞어 먹여서 영양분이 필요 이상 변으로 배설되지 않게 한다. 스트레스로 인한 식분증이라면 산책이나 운동으로 스트레스를 풀어준다.

배변 훈련 중에 야단을 맞아 식분증이 생긴 경우라면 배변을 했을 때 칭찬해주고 바로 간식을 준다. 이때 '이리 와', '앉아' 등의 훈련도 함께 하면 도움이 된다.

일반적으로 식분증이 강아지의 건강에 크게 문제가 되지는 않는다. 하지만 기생충이 감염된 동물이나 다른 강아지의 배설물을 먹을 때는 문제가 될 수 있다. 특히 면역력이 약한 어린 강아지는 주의해야 한다. 장시간 밖에 노출된 대변도 각종 유해 미생물의 온상이 될 수 있으므로

| 혼내지 말고 차분하게
즉시 치운다 | 산책이나 운동으로
스트레스를 풀어준다 | 사료를 바꾸거나
효소제를 섞는다 |

강아지가 가까이 가지 못하도록 한다. 성견이 됐는데도 여전히 식분증이 고쳐지지 않는다면 수의사와 상담한다.

9 집 안 여기저기에 마킹을 한다

강아지가 길을 가다가 갑자기 뒷다리를 들더니 가로수나 담벼락, 전봇대 등에 오줌을 싼다. 집 안 가구나 방 귀퉁이에도 똑같은 행동을 한다. 냄새도 좋지 않지만 왜 이런 행동을 하는지 알 수 없어 답답하다. 이렇게 강아지가 뒷다리를 들고 오줌을 싸며 영역 표시하는 것을 '마킹(marking)'이라고 한다.

마킹은 강아지의 본능에 가까운 자연스러운 행동이고 수컷에게서 주로 나타나지만 암컷도 마킹을 한다. 그러나 바깥에서는 괜찮지만 실내에서 자주 이런 행동을 한다면 분명 고민을 해봐야 한다. 강아지는 왜 마킹을 하고 그 의미는 무엇일까? 단순한 배변 실수일까, 아니면 영역 표시일까?

◇ 왜 그럴까

산책을 나갔을 때 강아지가 어떤 장소에 멈춰서서 코를 킁킁거리며 냄새를 맡더니 거기에 오줌을 싼다. 다른 강아지가 남긴 배설물의 냄새를 맡고 그 위에 자기 냄새를 남김으로써 자신의 존재를 알리고 의사소통을 하는 것이다. 우리가 문자메시지로 의견을 교환하듯 강아지들은 마킹으로 자신의 이야기를 전하는 셈이다. 모든 강아지는 대소변의 냄새가 다르다. 그리고 소변만이 아니라 대변으로도 마킹을 한다.

실내에서도 마킹을 한다. 그러나 바깥에서 하는 행동이 본능에 따른 것이라면 실내에서는 스트레스나 불안 때문일 가능성이 높다. 보호자에게 혼이 나거나 산책을 자주 못 나가는 등의 불만을 대소변으로 표출하는 것이다. 또 보호자가 외출했을 때 현관 앞이나 보호자의 침대나 이불 위에 마킹을 하는데, 단순한 배변 활동이라기보다는 영역 표시의 의미가 있다. 그 밖에 가족의 임신이나 출산, 이사 등은 물론 가족들이 다툴 때도 마킹으로 불안한 마음을 표현하기도 한다.

수컷이 수시로 마킹을 하는 것과 달리 암컷은 반년에 한 번 발정기가 올 때 주로 한다. 이 시기에는 암컷도 수컷처럼 오줌을 곳곳에 싸는 행동을 한다.

◇ 이렇게 해보자

마킹을 하려 할 때
빨리 그 장소를 떠난다

자주 마킹하는 곳에
잠자리를 마련해준다

마킹은 본능적인 행동이기 때문에 말리기가 쉽지 않다. 그러나 평소에 배변이나 산책 훈련이 잘 되어 있다면 마킹을 제대로 제어할 수 있다. 만약 강아지가 실내에 마킹을 할 때 혼을 낸다면 그 스트레스로 인해 상황이 더 나빠지기도 하므로 주의해야 한다.

마킹을 해결하는 가장 좋은 방법은 밖으로 나가는 것이다. 산책을 하면서 스트레스도 해소하고 마킹도 마음껏 하도록 해준다. 이때 강아지가 마킹한 곳에 물을 뿌려 씻어주고, 공공장소에서 마킹을 하려 한다면 줄을 빠르게 당겨서 그 자리를 떠나도록 한다. 날씨로 인해 산책이 쉽지 않다면 노즈워크 놀이를 하게 해준다. 다음으로 중성화수술이 있다. 중성화수술이 마킹을 어느 정도 예방해주기는 하지만, 강아지는 수술 후에도 여전히 같은 행동을 한다. 그렇다면 어떻게 해야 이 문제를 바로잡을 수 있을까?

강아지는 밥 먹고 잠자는 곳과 배변하는 곳을 구분한다. 강아지의 이런 습성을 이용하여 집 전체를 보금자리로 여기도록 해준다. 강아지가 자주 쓰는 방석이나 하우스 등을 집 안 곳곳으로 옮겨 잠자리로 삼게 해준다. 특히 주로 마킹하는 장소를 잠자리로 만들어둔다. 또는 그곳에서 강아지가 무서워하는 소리를 내거나 싫어하는 냄새를 묻혀 놓는다. 그럼 이후에는 그 장소에서 마킹을 하지 않게 될 것이다. 가족의 임신이나 출산, 이사 등으로 인한 변화나 잦은 다툼도 강아지에게 스트레스 요인이 되므로 가능하면 배려해주도록 한다. 강아지가 자주 오줌을 싸는 곳에 기둥을 설치해서 그곳에서 마킹을 하도록 해주는 것도 방법 중 하나다.

10 겁이 많다

강아지는 흔히 용감한 동물로 알려져 있지만 사람과 마찬가지로 불안과 두려움을 가지고 있다. 그리고 어떤 강아지는 그런 감정을 유난히 잘 드러내기도 한다. 현관 초인종 소리나 아주 작은 소리에도 과도하게 짖어대고 손님이 오면 덜덜 떨면서 구석으로 숨는다. 산책을 나가서 다른 강아지를 만나면 꼬리를 내리고 피하거나 오히려 공격성을 보인다. 강아지는 왜 이렇게 겁이 많고 소심할까? 그리고 어떻게 도와줘야 할까?

◇ 왜 그럴까

내 강아지가 어떤 것을 가장 두려워하는지 떠올려보자. 낯선 사람이나 다른 강아지, 진공청소기, 불꽃놀이, 천둥소리, 자동차, 에스컬레이터를 두려워하는가? 아니면 동물병원이나 미용실에 가기를 두려워하는가? 혼자 남겨지는 것은 어떤가?

강아지마다 두려움을 느끼는 원인이 조금씩 다르다. 그리고 그때 보이는 반응도 차이가 있다. 좁은 구석에 숨거나, 평소 좋아하던 간식이나 놀이에 흥미를 잃거나, 귀를 뒤로 눕히고 꼬리를 뒷다리 사이로 마는 등의 행동을 보인다. 강아지는 왜 이런 행동을 할까?

먼저 부모개로부터 물려받았을 가능성이 있다. 부모개의 행동은 어린 강아지에게 큰 영향을 미치는데, 그중에서 공포심과 두려움은 빠르게 학습된다. 만약 유기되어 거리를 떠돌았거나 사람에게 학대를 받았던 어미개에게서 태어난 새끼들이라면 자동차와 같은 특정 사물을 피하고 사람을 두려워할 것이다.

다음으로 사회성 부족이다. 사회화 시기에 사람들과 다른 동물들과 함께 어울려 지내는 법을 제대로 학습하지 못했다면 자라서도 사람이나 다른 동물들을 피하는 등 사교적이지 못한 행동을 보일 것이다. 심한 경우에는 교배를 거부하는가 하면 교배를 했더라도 새끼를 돌보지 않기도 한다.

◇ 이렇게 해보자

사람이나 다른 강아지를 두려워하지 않게 하려면 사회성을 길러주어야 한다. 그런데 사회성을 길러주겠다며 무작정 강아지들이 많은 반려견 카페에 데려가서는 안 된다. 겁이 많은 강아지는 그런 공간에서 더 불편함을 느끼고 스트레스를 받는다. 마찬가지로 이 사람 저 사람 무작위로 만나게 해서도 안 된다. 강아지가 두려움에서 벗어나 자신감을 갖게 하려면 시간을 두고 천천히 적응시키는 것이 좋다.

산책 모임이 있다면 다정하고 친절한 성향의 강아지 한 마리를 선택한다. 그리고 이 강아지와 자연스럽게 만나게 하면서 서로 알아가게 도와준다. 어느 정도 친해졌다면 좀 더 많은 강아지들을 만나게 한다. 노즈워크 훈련을 해주는 것도 좋다. 후각을 이용하여 간식을 찾는 노즈워크는 재미있는 놀이이면서 집중력과 자신감도 높여준다. 이 훈련을 하다 보면 강아지는 사람이나 동물을 대하는 데 자신감을 갖게 되고 더 사

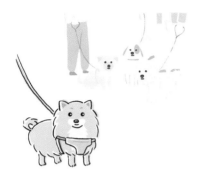

다정한 성향의 강아지와 만나게 한다

낮선 사람과 만날 때 쪼그리고 앉아서
인사하고, 간식을 주게 한다

교적으로 변할 것이다.

사람과 만나게 할 때도 마찬가지다. 낮선 사람을 보고 짖는다고 해서 소리를 지르거나 때린다면 사람에 대한 나쁜 선입견이 더욱 굳어질 것이다. 강아지와 안면이 있는 사람을 집으로 오게 해서 만나게 하는데, 이때 그 사람은 바닥에 앉거나 쪼그리고 앉아서 눈을 마주치며 부드럽게 강아지의 이름을 부르고 인사한다. 이때 강아지가 좋아하는 부위를 부드럽게 쓰다듬으면 좋다.

다음에는 낮선 사람을 만나게 한다. 바깥보다는 집이 좋다. 강아지가 불안해하면 "앉아"를 반복해서 한 다음 긴장을 풀게 하고 낮선 사람과 어느 정도 거리를 두고 마주보게 한다. 처음 마주했을 때 낮선 사람이 간식을 준다. 조금 더 가까이 다가간다. 강아지가 긴장하지 않으면 간식을 또 준다. 그러나 강아지가 긴장하는 기색이 보이면 보호자가 간식을 주고 낯선 사람이 조금씩 접근한다. 이 상황에 강아지가 적응하면 더 강한 자극을 시도하여 두려움을 극복하게 한다. 이때 목줄과 리드줄을 하고 훈련하는 것이 안전하다.

◇ 천둥이 칠 때

갑자기 내리치는 천둥이나 번개도 강아지에게는 공포의 대상이다. 강아지는 강렬한 소리나 번쩍이는 빛뿐만 아니라 기압의 변화, 정전기로 인한 불쾌감, 오존 냄새 등에 불안을 느낀다. 천둥이나 번개에 놀란 강아지는 공황 상태에 빠져 산책을 하다 도망을 갈 수도 있고, 집에 있다가 가출을 하는 등 이상 증세를 보인다. 비교적 가벼운 불안 증세로 끝날 수도 있지만 구토나 설사, 호흡 곤란으로 이어지기도 하니 미리 주의해야 한다.

간식을 주고 장난감으로 놀아준다

안심하고 숨을 수 있는 장소를 마련한다

강아지에게 안심하고 숨을 수 있는 장소를 만들어준다. 아늑함을 느낄 수 있는 가구 틈새에 담요를 깔고 강아지가 피할 수 있도록 해준다. 천둥이나 번개가 쳤을 때 보호자가 더 놀라서 큰 제스처를 한다거나 일부러 놀란 척해서 강아지를 놀리지 않는다. 또 놀라서 떠는 강아지를 쓰다듬거나 껴안지도 않는다. 그러면 강아지는 이를 칭찬으로 받아들이고 계속 같은 반응을 하게 될 것이다. 별일 없는 듯 행동하면서 강아지의 두려움이 가라앉길 기다린다.

간식이나 장난감을 이용하는 것도 방법이다. 천둥이나 번개가 쳤을 때 간식을 주고 장난감으로 놀아준다면 강아지는 이를 좋은 기억으로 인식하고 천둥이나 번개에 대한 두려움이 어느 정도 사그라질 것이다.

집에서 하는
강아지
건강관리

01

동물병원
선택하기

사람도 자신과 잘 맞는 의사가 있듯이 강아지도 마찬가지다. 질병을 잘
치료하려면 의학적인 처치도 중요하지만 보호자와 수의사, 보호자와
동물병원의 신뢰가 먼저 구축되어야 한다. 그러기 위해서는 병원에 대
한 정보를 수집하여 가깝고 평판도 좋은 병원을 선택해야 한다. 그런 다
음 병원을 방문해서 분위기와 시설 등을 살펴보고 담당 수의사와도 이
야기를 나누어본다. 그렇게 신뢰가 쌓이면 강아지가 갑자기 아팠을 때
믿고 맡길 수 있을 것이다. 내 강아지에게 잘 맞는 동물병원 선택하는
법과 강아지를 처음 병원에 데려갔을 때 적응하는 법, 어떤 검사를 받는
지 등을 살펴보자.

1 좋은 동물병원 찾기

강아지를 키우기 전에는 몰랐지만 주위를 둘러보면 의외로 동물병원이 많다. 수의사가 한 명인 동물병원부터 24시간 운영하고 여러 명의 수의사가 있는 대형 동물병원까지 다양하다. 이 많은 동물병원 중에서 어떤 곳을 선택해야 할까?

먼저 집 근처에 있는지를 살핀다. 병원이 가까우면 강아지가 갑자기 아플 때 빨리 데려갈 수 있다. 깨끗하고 정리정돈이 잘 되어 있는지도 확인한다. 동물병원의 청결과 위생 상태는 매우 중요하다.

또한 수의사나 간호사들이 치료나 진행 과정을 자세히 설명해주는 곳이 좋다. 상세한 설명을 들으면 치료 과정을 이해할 수 있을 뿐만 아니라 앞으로 강아지를 돌보는 데에도 도움이 된다.

시설이 잘 갖추어져 있는지, 꼭 필요한 검사와 치료만 하는지도 체크한다. 진료비나 치료비가 적절한지, 서비스가 좋은지도 따져본다. 또한 보호자가 궁금한 것을 마음껏 물어볼 수 있고, 보호자의 이야기에 귀 기울여주는지도 확인한다. 작지만 친절한 동네 병원을 단골로 정했다면 만약의 상황을 위해 늦은 밤이나 공휴일에 갈 수 있는 24시간 진료하는 병원도 알아둔다.

인터넷 커뮤니티나 강아지를 키우는 이웃에게서 병원을 추천받았다고 하더라도 자신과 강아지에게 잘 맞으리라는 보장은 없다. 직접 병원을 방문해서 상담을 하거나 진료를 받아본 후 결정해도 늦지 않다.

2 첫 번째 병원 방문

❶ 첫 병원 방문

강아지를 입양하면 바로 동물병원으로 달려가서 이것저것 검사를 받아야 한다고 생각하기 쉽다. 하지만 아직 이르다. 질병에는 잠복기란 게 있다. 면역력이 약한 어린 강아지는 새로운 환경에 놓이면 뒤늦게 잠복해 있던 질병이 나타나기도 한다. 따라서 집에 온 뒤 깨끗하게 씻겨주고 잘 먹인 다음 1주일쯤 지나 병원에 데려가는 것이 좋다.

처음에 어린 강아지가 병원에 가면 체중과 체온을 측정한다. 귀에 진드기나 염증이 있는지, 눈의 각막이나 결막에 문제가 있는지, 시력 반응에 문제가 있는지 등을 살핀다. 피부와 피모 상태도 확인한다. 청진을 통해서 심장이나 폐에 문제가 없는지를 진단한다. 그리고 분변 검사를 해서 장내에 기생충이 있는지 세균이 많이 활성화되어 있지는 않은지 등을 살핀다.

유기된 성견이나 노령견은 이런 검사 외에 혹시 모를 기저 질환(간이나 신장 질환, 종양이나 심장사상충 등 눈에 보이지 않는 치병적인 질병)이나 심장병 진단을 위한 혈액 검사나 영상 엑스레이 검사, 초음파 검사 등 정밀 검진을 한다. 노령견은 백내장 여부도 확인한다.

❷ 예방접종

어린 강아지는 기본적인 건강검진 후 예방접종을 맞는다. 꼭 맞아야 할 예방접종에는 어떤 것이 있고, 언제 맞혀야 할까? 초보 반려인에겐 예방접종 항목도 많고 몇 차례에 걸쳐 해주어야 하는 것들도 있어 스케줄을 한눈에 파악하기가 쉽지 않다. 대부분의 보호자는 병원에서 보내는 예방접종 안내 문자를 보고 병원을 방문한다.

강아지는 일반적으로 종합 백신을 5회, 코로나 장염을 2회, 켄넬코프 기관지염을 2회, 신종플루를 2회, 광견병 1회를 어릴 때 맞고 그 이후 성견이 되어서 위의 5가지 예방접종을 연 1회씩 추가 접종한다. 접종 간격은 2~3주가 적당하고, 생후 45~50일경에 첫 접종을 시작한다. 병원마다 약간의 주사 조합의 차이는 있을 수 있다.

그리고 예방접종을 한 다음 항체가 잘 생성되었는지를 확인하는 검사를 해야 한다. 이를 '항체가 검사'라고 한다. 혈액 한 방울로 결과를 알 수 있으므로 예방접종 5회를 마친 뒤 꼭 해주도록 한다.

병원에 갔을 때 단순히 예방접종만 할 것이 아니라 평소 강아지에 대해 궁금한 것이 있었다면 물어보자. 미리 내용을 메모해서 가도 좋다.

예방접종 후 알레르기 증상에 주의

예방접종 후 바로 알레르기 증상이 나타나는지를 살펴야 한다. 만약 이 증상을 발견하지 못하고 시기를 놓친다면 자칫 생명을 잃을 수도 있다. 주요 증상으로는 눈과 입 주위의 부종, 발적(벌에 쏘인 것같이 붓는다), 침 흘림, 구토, 설사 등이고, 심하면 호흡 곤란으로 이어진다. 따라서 예방접종 후에 얼굴이 붓는 등 위의 증상이 나타난다면 꼭 병원에 가도록 한다.

인터넷에 떠도는 불명확하거나 틀린 정보가 아니라 더 확실하고 도움이 되는 정보를 얻을 수 있다. 게다가 담당 수의사는 내 강아지에 대해 누구보다 잘 아는 주치의가 아닌가. 병원을 잘 활용하여 내 강아지를 보다 건강하고 똑똑하게 키워보자.

❸ 심장사상충과 기생충 검사

예방접종만큼 중요한 것 중 하나는 심장사상충과 내·외부 기생충 검사와 예방약을 먹이는 것이다. 심장사상충 접종은 매달, 외부 기생충도 가능하면 매달 해주도록 한다. 특히 날씨가 좋아서 산책 시간이 늘어나면 그만큼 진드기 매개 질환도 급증하기 때문에 신경을 써야 한다. 내부 기생충 약은 3개월에 한 번, 즉 분기마다 따로 챙겨먹으면 어느 정도 안전장치가 마련된다.

여기서 한 가지 짚고 넘어가야 할 것이 있다. 예방접종 종류도 많고 돈도 들어서 어떤 접종은 안 하고 넘어가는 보호자가 종종 있다. 접종을 하는 이유는 그 질병에 걸리면 회복이 잘 안 되고 치사율이 높아 항원을 넣어서 항체를 만들어주는 것이다. 따라서 병원에서 권장하는 예방접종은 가능하면 하도록 한다.

❹ 그 밖에 해주어야 할 것들

병원에 가면 진료 외에 귀 청소, 양치질, 항문낭 짜기, 빗질, 발톱 깎기, 산책 방법 등에 대해서 물어보거나 해당 클리닉을 이용할 수도 있다. 평소에 이 정도만 잘 해주어도 병원에 갈 일이 많이 줄어든다. 귀를 깨끗하게 관리해서 외이염이나 중이염을 예방하는 것, 이빨을 열심히 닦아서 치석을 덜 생기게 해서 치주염이나 치은염을 예방하는 것, 항문낭을 정기적으로 짜서 항문낭염이나 항문 주위 피부염을 미리 체크하는 것, 발바닥이 미끄럽지 않게 발바닥 털을 다듬어 무릎 질환을 예방하고 발가락 사이의 습진을 예방하는 것 등도 건강관리의 범주에 들어가기 때문이다.

이 중에서 특히 중요한 것은 양치질이다. 사료를 먹기 시작할 때부터, 즉 치아가 나지 않고 유치가 빠지지 않아도 사료를 먹으면 치약을 이용하여 양치질을 한다는 것을 깨닫게 해주어야 한다. 그리고 처음부터 칫솔로 양치질을 하면 거부 반응이 더 심해질 수 있으므로 치약을 간식 먹이듯이 1~2주 정도 준 후 치약을 잘 먹으면 칫솔에 묻혀서 칫솔을 핥아 먹게 한다. 그런 다음 서서히 양치질을 해준다. 평소에 양치질을 해주면 입과 관련된 모든 행위, 심지어 약을 먹이거나 구강 검사를 할 때도 훨씬 수월해진다.

치아 질환이 진행되면 치석의 세균이 전신 혈류로 순환해 간이나 심장, 신장에 치명적인 악영향을 끼쳐 질병으로 진행될 수 있기 때문에 어릴 때부터 적극적으로 치아를 관리해주어야 한다.

3 병원 가기를 좋아하게 하려면

대부분의 아이들이 그렇듯이 강아지들도 병원 가기를 두려워한다. 낯선 소독약 냄새가 나고, 차가운 진찰대에 올라가야 하며, 아픈 주사를 맞아야 하는 병원이 강아지에게 기분 좋은 장소일 리 없다. 그래서 보호자가 병원에 가기 위해 준비를 하면 강아지는 금세 알아차리고 구석으로 숨거나 크레이트에 들어가려 하지 않는 등 어떻게든 가지 않으려 발버둥을 친다. 어떻게 하면 강아지에게 병원에 대한 거부감이 들지 않게 하고 더 나아가 '좋은 곳'이라는 인식을 심어줄 수 있을까?

• 병원 가는 것도 연습이 필요하다

먼저 켄넬(이동장)에 익숙해져야 한다. 미리 훈련을 해서 켄넬을 익숙한 공간으로 만든다. 차로 이동할 때 역시 훈련을 해서 낯선 차 냄새나 엔진 소리, 덜컹거림 등에 적응할 수 있게 해둔다. 강아지에게 간식을 주고 칭찬을 해주면서 차에 타는 것을 좋은 경험으로 인식하게 하는 것이다(78페이지 '하우스 적응 훈련', 214페이지 '자동차로 이동할 때' 참조).

• 기본 훈련을 해둔다

병원 방문 전후에 즐거운 일이 생긴다는 것을 알면 조금이나마 불안 감을 줄일 수 있다. 이를 위해서는 '앉아', '기다려' 등 기본 훈련을 해두어야 한다. 그리고 평소에 산책이나 외출을 자주 해서 그것이 얼마나 신나는 일인지를 알려준다. 병원에서 얌전하게 행동하면 꼭 칭찬을 하고, 병원을 나와서는 잠깐이라도 산책을 한 후에 집에 간다.

• 병원에 가기 전에 볼일을 보게 한다

강아지가 병원 진찰대 위에서 배변을 한다면 난감하다. 집이나 바깥에서 미리 볼일을 보게 해서 난감한 일을 예방한다. 병원 대기실에서는 가능하면 다른 강아지와 접촉해서 싸움이 일어나지 않게 리드줄을 잡고 있는다. 또는 강아지를 켄넬 안에 두거나 품에 안고 있도록 한다.

• 수의사와의 만남이 즐거워야 한다

수의사가 진료를 위해 몸 여기저기를 만지면 강아지는 기분이 좋지 않을 것이다. 미리 스킨십이나 마사지를 해서 강아지가 사람의 손길에 익숙해지게 한다. 그리고 유능한 수의사라면 칭찬과 간식으로 강아지를 격려하면서 무사히 진료를 마칠 것이다.

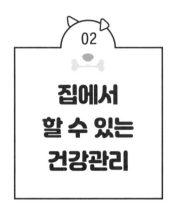

집에서
할 수 있는
건강관리

우리는 몸이 아프면 일단 참으면서 경과를 지켜보거나 약을 먹는다. 그래도 호전되지 않으면 그제야 병원으로 간다. 이것은 강아지에게도 해당된다. 강아지가 어딘가 안 좋아 보인다고 해서 바로 병원으로 달려갈 필요는 없다는 뜻이다. 피곤해서 일시적으로 컨디션이 나빠질 수도 있고, 스트레스나 다른 환경적인 요인으로 인해서 평소와 행동이 다를 수도 있다. 보호자들은 이것을 질병으로 오인하기도 한다. 이럴 때는 지켜보면서 약을 챙겨 먹이고 스트레스의 원인을 찾아 줄여주려고 노력한다.

그렇다면 집에서 강아지에게 해줄 수 있는 건강 진단에는 어떤 것이 있고, 평소에 건강관리는 어떻게 해주어야 할까? 보호자가 꼭 알아두어야 할 집에서 할 수 있는 건강관리법을 살펴보자.

1 집에서 간단히 할 수 있는 건강 진단

강아지는 참을성이 많고 약점을 드러내려 하지 않는다. 강아지가 아픈 것을 알아차리기 쉽지 않다 보니 병을 뒤늦게 발견하여 손쓸 수 없는 상황이 되기도 한다. 그렇기 되기 전에 강아지의 건강 상태를 미리미리 체크하여 어디 아픈 곳은 없는지 살피도록 하자. 평소에 식사, 산책, 놀이, 브러싱, 마사지 등으로 가까이 지낸다면 강아지의 건강 변화를 더 빨리 알아차릴 수 있을 것이다.

❶ 체온

강아지의 건강 이상을 확인할 수 있는 가장 손쉬운 방법은 체온을 재는 것이다. 강아지의 항문에 디지털 체온계를 삽입하여 측정하는데, 소형견은 약 3cm 내외로 삽입하고 중·대형견은 그보다 깊이 넣는

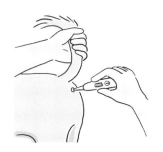

다. 강아지의 정상 체온은 38~39도 정도다. 강아지가 산책이나 외출에서 막 돌아왔거나 흥분, 공포 등을 느끼면 체온이 올라가므로 이때는 강아지를 안정시킨 후 잰다. 강아지용 체온계를 사두면 유용하다.

❷ 맥박수

강아지의 허벅지 대퇴동맥(넙다리동맥)이 지나는 자리의 맥박을 찾아서

측정한다. 15초에 몇 번 뛰는지를 세고 1분으로 환산하여 분당 80~120 번이라면 정상이다. 하지만 맥박수는 견종이나 크기에 따라 다르므로 평소 건강할 때의 맥박수를 체크해놓았다가 정상 여부를 판단한다.

❸ 머리와 얼굴

건강하다면 코는 부드럽고 촉촉하고, 눈은 맑고 투명하며, 귀는 건조하고 냄새가 없어야 한다. 잇몸은 건강한 분홍색을 띠어야 한다. 매일 머리와 얼굴을 꼼꼼히 살펴서 건강에 이상이 없는지를 확인한다.

❹ 심장 박동수

가슴을 관찰하거나 심장 부위에 손을 올려 박동수와 소리를 관찰한다. 소형견은 분당 120회, 대형견은 분당 90회 정도다. 몸집이 작은 강아지일수록 박동수가 높고 수면이나 흥분 상태에 따라서 달라질 수 있다. 하지만 평소와 달리 심장 박동수가 불규칙하고 정상보다 높거나 낮다면 건강 이상을 의심해봐야 한다.

강아지 심장 위치는?

몸 가운데에서 약간 왼쪽에 있다. 4번째 갈비뼈와 6번째 갈비뼈 사이에 있으므로 먼저 손으로 4번째 갈비뼈를 찾은 뒤 몸 밑부분으로 손을 움직이면 심장 박동을 느낄 수 있다.

❺ 피부 및 피모 상태

주요 장기나 건강의 중요한 지표 중 하나가 바로 피부 상태다. 건강한 강아지일수록 피부가 탄력있고 매끄럽다. 염증이나 비듬도 거의 없다. 피모는 윤기가 나고 부드럽다. 털을 거꾸로 쓸었을 때도 깨끗하다.

❻ 체형

자주 쓰다듬고 마사지를 해주면 강아지와의 친밀도를 높일 수 있고 평소 체형이나 건강 이상을 쉽게 알아차릴 수 있다. 배와 갈비뼈 주변을 만져 특이한 종양이 있는지 살펴보고 배 부위를 손으로 가볍게 눌렀을 때 강아지가 거북해하는지 확인한다. 만약 이상이 발견되면 병원에 데려간다.

2 건강 이상을 보여주는 주요 증상

강아지는 자신이 아프다는 사실을 잘 드러내지는 않지만, 건강에 적신호가 켜졌을 때는 평소와 다른 행동을 하곤 한다. 밥을 먹지 않거나 적게 먹고, 구토나 설사를 하고, 살이 빠지고, 무기력해 보인다. 이럴 때는 문제의 원인이 어디에 있는지를 살피고, 증상에 맞는 처치를 해주어야 한다. 그리고 상태가 좋지 않다면 병원에 데려가야 한다. 무엇보다 조기에 발견하여 증상이 악화되기 전에 치료해주는 것이 중요하다. 강아지가 아픈 것은 아닌지 의심되는 주요 증상에는 어떤 것이 있고, 어떻게 처치를 해주어야 할까?

❶ 밥을 잘 먹지 않는다

건강에 문제가 있을 때 가장 먼저 눈에 띄는 증상은 식사량의 감소와 식욕 저하다. 우리도 감기나 몸살에 걸리면 제아무리 맛있는 음식도 먹고 싶은 생각이 안 드는 것처럼 강아지도 마찬가지다. 물을 너무 많이 마셔도 질환을 의심해봐야 한다. 평소에 물의 양이나 마시는 횟수를 기록해두면 도움이 된다.

평소에 사료를 잘 먹던 강아지가 식욕이 떨어져 보이면 처방식을 꼭 먹여야 하는 경우가 아니라면 소화가 잘 되는 캔이나 집에서 유동식을 만들어 먹여도 괜찮다. 사식과 사료를 섞어서 주거나 사식만 맛있게 만들어서 먹여본다. 하지만 평소에 정신없이 먹는 간식이나 사식에 전혀 관심을 보이지 않고 컨디션이 떨어져 보인다면 질병일 수 있으니 병원에 가서 검사받도록 한다.

❷ 구토나 설사를 한다

강아지가 아픈 것을 표현하는 방법 중 하나가 구토나 설사다. 구토나 설사는 단순 위장관 질환이 있어도, 즉 소화기 자체에 문제가 생겨도 나타날 수 있다. 하지만 나이가 있는 강아지에서는 소화기 자체가 아닌 다른 장기, 예를 들어 간이나 신장의 기능이 떨어진다거나 몸속에 종양이 커지고 있는 상황에서 또는 다른 염증 수치가 올라가고 있는 상황에서 나타날 수 있는 대표적 증상이다. 따라서 컨디션이 많이 떨어져 있는데 지속적으로 구토나 설사를 한다면 최대한 빨리 검사를 받아야 한다.

그럼 구토나 설사가 심할 때 집에서는 어떻게 응급조치를 해주어야 할까? 먼저 탈수를 막기 위해 조금씩 수분을 섭취하게 한다. 원래 구토나 설사를 할 때는 금식을 통해서 치료하는 것, 즉 위장관을 완전히 쉬게 해주면서 회복하게 하는 것이 효과적이지만, 링거를 맞는 상황이 아니기 때문에 무작정 금식을 하는 것보다는 꿀물이나 설탕물 같이 당이 약간 포함된 음수를 제공하는 것이 좋다. 하지만 음수와 동시에 구토를 한다면 이것이 구토를 더 유발할 수 있으므로 빨리 병원으로 데려가도록 한다.

❸ 호흡에 문제가 있다

호흡이 평소와 다르다면 주의 깊게 살펴야 한다. 운동 직후도 아니고 덥지도 않은데 호흡이 거칠고 괴로워 보인다면 호흡 장애를 겪고 있을 가능성이 높다. 견종이나 계절에 따라 호흡이 다르므로 평소에 강아지의 호흡수를 알아두면 이상 여부를 쉽게 확인할 수 있다. 또한 기침은 호흡기나 순환기의 이상을 의미하는데, 기침이 계속된다면 질병을 의심할 수 있으므로 병원에 데려간다. 쉰 목소리로 울거나 끙끙거리고, 심한 통증을 호소하는 듯한 소리를 낸다면 역시 문제가 있는 것이므로 진찰을 받는다.

❹ 머리를 흔든다

강아지가 머리를 계속 흔들면서 발로 귀 부위를 긁어대면 귀 이상을 의심해봐야 한다. 귀에 먼지가 들어간 것이라면 흔들면 대개 빠져나오지만, 외이염이나 내이염이라면 치료를 받아야 한다. 외이염에 걸리면 계속 긁어대기 때문에 귀 주변에 염증이 생길 수 있다. 또한 강아지의 몸을 만졌을 때 평소와 달리 화를 내거나 아파한다면 그 부위에 이상이 있는 것이다. 일정 부위를 핥는 것도 역시 상처나 피부염 때문일 수 있다.

❺ 걷는 모습이 이상하다

걷는 모습이 평소와 다를 때도 이상을 의심해봐야 한다. 다리를 질질 끌거나 감싸는 듯이 행동한다면 슬개골 탈구나 관절염, 종양 등을 의심해볼 수 있다. 똑바로 걷지 못하고 같은 곳을 빙빙 돈다면 내이염이나 중이염의 영향으로 전정기관에 장애가 일어나 평형감각을 잃게 된 것이라고 볼 수 있다. 다리를 든 채 땅에 대지 않고 다리가 부어 있거나 피를 흘린다면 골절이나 관절염, 탈구 등을 의심한다. 높은 곳에서 떨어졌거나 다리를 가볍게 전다면 경과를 지켜본 후 병원으로 데려가도록 한다. 다리에 경련을 일으키거나 마비될 때도 마찬가지다.

3 꼭 갖추어야 할 가정상비약

❶ 설사약

설사약은 언제 먹이는 것이 좋을까? 일단 구토가 없어야 한다(구토가 있을 때 약을 먹이면 더욱 구토를 유발한다). 설사를 하지만 컨디션이 괜찮다면 약을 먹인다. 물론 설사의 상태를 보고 판단해야 한다. 심한 혈액성 설사나 수양성 설사(쌀뜨물 같은 설사)가 아니라 찰흙 정도의 설사라면 약을 먹이고, 설사가 심하거나 나을 기미가 보이지 않으면 병원에 데리고 간다.

❷ 감기약

강아지에게 기침이나 콧물이 있을 때를 대비해 약을 미리 준비해둔다. 이 역시 수의사와 상담 후 처방받아야 하며, 강아지의 체중을 고려해 조제한다. 컨디션이나 식욕, 혹은 활동성은 좋은데 기침이나 콧물을 보일 경우에만 먹인다. 전신 컨디션이 떨어져 있다거나 오한과 같은 증상을 보이고 음식을 전혀 먹지 못하는 상태에서 기침이나 콧물이 있다면 반드시 병원으로 데리고 가야 한다.

❸ 항생제 안약

일반적으로 가장 많이 쓰는 항생제 안약도 구비해두면 도움이 된다. 집에서 목욕을 할 때 눈에 샴푸가 들어가서 찡그릴 때, 산책을 데리고 나갔는데 먼지 등으로 인해 눈을 찡그릴 때 등 바로 병원에 데려갈 수 없는 상황이라면 급한 대로 항생제 점안액을 넣어준다. 만약 없다면 인공눈물이나 생리식염수를 눈에 부드럽게 흘려주면 도움이 된다.

❹ 그 밖에 필요한 가정상비용품

동물용 체온계

의료용 가위, 핀셋, 집게 가위(포셉)

일반 거즈 및 멸균 거즈

솜 붕대, 탄력 붕대, 반창고, 주사기

멸균 생리식염수

요오드 성분 소독제

화상 연고 및 피부 연고

휴대용 산소캔 T I P

휴대용 산소캔도 미리 준비해두면 도움이 된다. 헤어스프레이 정도 되는 크기로 약국이나 인터넷 등에서 쉽게 구입할 수 있다. 강아지가 갑작스럽게 쓰러지거나 호흡이 억제되는 질병이 있는 경우, 혹은 심장마비가 올 경우 최대한 빨리 병원에 데려가야 할 때 사용한다. 즉 위급한 순간에 병원까지 가는 동안 쓸 수 있는 산소라고 생각하면 된다. 실제로 심장약을 먹어야 하는 강아지가 집에서 심장마비로 호흡 곤란이 왔을 때 산소 공급만 잘 해주고 병원에 데려간다면 위급한 상황을 넘길 수 있다.

4 형태별 약 먹이는 방법

어린아이와 마찬가지로 강아지에게 약 먹이기는 쉽지 않다. 그래서 맛있는 사료나 캔사료, 무염 치즈 같은 간식에 섞어 주거나 간식 형태의 투약용 보조제(필 포켓 등)를 이용하여 약을 먹인다. 가능하면 약은 병원의 처방을 받아서 사용하고, 사람용 의약품은 주지 않도록 한다. 약의 형태별로 먹이는 방법은 다음과 같다.

❶ 가루약

반려동물용 약은 대부분 가루약이다. 가루약은 흘리지 않고 깔끔하게 먹이는 것이 중요하다. 반드시 공복에 먹여야 하는 약이 아니라면 캔사료나 무염 치즈 등의 간식에 섞여 먹인다. 또는 물에 타서 먹이는 방법을 추천한다.

1. 생수 1.5㎖ 정도를 3㎖ 빈 주사기에 넣는다. 이 주사기에 든 물을 약봉지에 넣어 잘 섞은 다음 다시 주사기로 빨아내면 2㎖ 정도의 물약이 된다.
2. 이 물약을 강아지의 입술을 들고 잇몸에 흘린다는 느낌으로 넣어준다. 강아지는 본능적으로 혀를 날름거려서 깔끔하게 먹을 것이다.

❷ 알약과 캡슐

캔사료나 무염 치즈 같은 간식으로 감싸서 먹인다. 이때 냄새를 맡고 먹으려 하지 않거나 입에 넣었다가 뱉어내는 강아지가 있다. 따라서 약을 먹인 후에는 잘 삼켰는지 꼭 확인해야 한다. 이렇게 약을 잘 먹으려 하지 않는 강아지는 다음과 같은 방법을 사용한다.

1. 한 손으로 위턱을 잡고 입을 위로 벌린다. 이때 잘못해서 물리지 않도록 이빨 위쪽을 잡는다. 다른 손으로는 아래턱을 내린다.
2. 입을 벌리면 목 안쪽 깊숙이 약을 넣고 재빨리 입을 닫는다. 입을 다문 상태에서 코끝을 위로 들게 한 후 몇 초 동안 손을 떼지 않은 채 지켜본다.
3. 잠시 후 약을 잘 삼켰는지 확인한다. 목을 문질러주면 약을 잘 삼킬 수 있다. 약을 먹인 후에는 칭찬을 해준다.

❸ 물약

알약이나 가루약을 먹기 싫어하는 강아지에게는 물약을 처방받아 먹인다. 물약은 캔사료에 섞어 주거나 주사기를 이용하여 주면 좋다.

1. 약을 바늘을 뺀 주사기(스포이트도 가능)에 넣은 후 오른손으로 주사기를

잡고 왼손으로는 강아지의 코끝을 약간 위로 들게 한다.

2. 주사기를 이빨과 뺨 사이에 넣은 후 투여한다. 뱉어낼 수 있으므로 약을 다 삼킬 때까지 지켜본다.

❹ 안약 넣기

1. 한쪽 손으로 아래턱을 잡고 강아지의 얼굴을 위로 향하게 한다. 정면에서 안약을 넣으면 강아지가 무서워하므로 뒤에서 안은 상태에서 안약을 넣는 것이 좋다.

2. 안약을 든 손으로 눈꺼풀을 들어올린다. 이때 안약 용기 끝이 눈에 닿지 않도록 조심한다. 반드시 흰자위에 안약을 조심스럽게 흘려넣는다.

3. 부드럽게 눈을 감긴 다음 약이 스며들도록 두세 번 눈을 깜박이게 한다. 흘러내린 안약은 거즈로 닦아낸다.

주요 질병 알아보기

사람도 자주 걸리는 질병이 있듯이 강아지에게도 흔한 질병이 있다. 이들 질병의 증상과 기본 처치법을 알아둔다면 강아지가 해당 질병에 걸렸을 때 당장 병원에 가야 할지, 아니면 기본 처치를 해주고 다음 날 가도 괜찮을지 알 수 있어 한결 마음이 놓일 것이다. 강아지가 자주 걸리는 질병과 예방 및 치료법에 대해 알아보자.

1 귓병

강아지가 많이 걸리는 질병 중 하나다. 귓속에 털이 많고 귀가 늘어진 강아지들에게 흔하다. 강아지의 귀는 귓구멍에서 고막에 이르는 외이

코커 스패니얼이나 슈나우저, 시추, 몰티즈 같은 귀가 크고 덮여 있거나 귓속에 털이 많은 견종

도(바깥 귀)가 길고 L자 형태로 구부러져 있다. 그래서 통풍이 잘 되지 않고 습기가 많아서 세균이나 곰팡이가 생기기 쉽다. 강아지가 귀를 긁거나 냄새가 심한 귀지가 나온다면 외이염을 의심해볼 수 있다. 외이염을 방치하면 중이염이나 내이염으로 진행될 수 있으니 적절한 관리를 해주어야 한다.

❶ 외이염

증상

귓병 중에서 가장 흔한 질환으로, 기생충이나 세균, 곰팡이, 이물질 등에 감염돼 귀의 고막 앞에 있는 외이도에 염증이 생기는 것을 말한다. 감염 초기에는 발로 귀를 긁거나 귀를 땅에 대고 비빈다. 귀에서 냄새가 나고, 심해지면 귀 안쪽에서 진물이 나오거나 짙은 색의 마른 귀지가 나온다. 귓바퀴가 붉게 부어오르고 그 부분을 만지면 아파한다. 이 단계에서 치료를 해주어야 중이염이나 내이염이 되는 것을 막을 수 있다.

예방 및 치료

외이염을 예방하기 위해서는 정기적으로 귀 청소를 해주는 것이 좋

다. 귀 주변의 털을 잘라 통풍이 잘 되게 하고, 목욕 후에는 귓속에 남아 있는 물기를 말끔히 제거해준다. 귀지가 쌓여 냄새가 난다면 전용 귀 세 정액으로 귀 청소를 해주고, 그래도 계속 냄새가 난다면 병원을 방문한 다. 가벼운 외이염은 쉽게 치료가 가능하지만 곰팡이가 원인이라면 최 소 2주 이상 치료를 받아야 한다.

귓병은 생명에 지장은 없지만 발병하면 강아지는 물론 가족에게도 여 간 신경 쓰이는 질환이 아니다. 따라서 평소에 귀에서 냄새가 나지 않는 지, 귀지나 분비물이 없는지 꼼꼼하게 확인하고, 문제가 발견되면 바로 병원으로 데려간다. 귓병은 초기에 치료하면 대부분 낫지만 재발이 잘 되므로 꾸준한 관리가 필요하다.

❷ 중이염과 내이염

[증상]

중이염은 귀의 고막 안쪽에 염증이 생기는 것을 말한다. 외이염을 제 대로 치료하지 못해 발생하는 경우가 대부분이어서 원인과 증상 또한 외이염과 비슷하다. 귓바퀴가 붉어지고, 귀를 기울이거나 머리를 흔드 는 등의 행동을 자주 한다. 귀에서 냄새와 고름이 난다. 심할 경우 신경 계 손상으로 인해 안면 마비가 올 수 있고, 청력을 잃을 수도 있으며, 균 형 감각이 떨어져 걸음걸이가 부자연스럽고 비틀거릴 수도 있다. 내이 는 청각과 평형감각을 담당하는 기관으로 귀 가장 안쪽에 위치해 있으 며, 만성적인 외이염이 발전하여 내이염이 된다.

외이염 치료와 마찬가지로 귀 청소를 정기적으로 해준다. 그러나 너무 자주 하면 내이에 손상을 줄 수 있으므로 귀지가 보이고 냄새가 나면 해준다. 귀가 늘어져 있거나 귀가 덮여 있는 강아지는 특히 관리를 잘 해주어야 한다. 염증이나 감염이 내이까지 발전하지 않는다면 일반적인 외과적 치료만으로도 충분하다. 그러나 증상이 심하다면 수술해야 할 수도 있다. 따라서 그 단계까지 가지 않도록 평소에 관리를 잘해주도록 한다.

• 귓병을 부르는 잘못된 행동 •

➜ 면봉 NO!
강아지는 귓속이 ㄴ자로 되어 있어 면봉으로 귀지를 제거하려다 오히려 안으로 넣게 된다. 또 귓속 피부는 연약해서 면봉으로 자극을 가하면 염증이 생기기 쉽다. 따라서 면봉으로 귀를 파는 행동은 가능하면 하지 않도록 한다.

➜ 귀털 뽑기 NO!
귀털은 모래나 곤충 같은 이물질이 들어오지 못하게 막고 찬바람으로부터 귓속을 보호해주는 역할을 한다. 그런데 미용을 위해 귀털을 뽑기도 하는데, 잘못하면 만성 귓병을 유발할 수 있다. 귀털이 염증을 덮고 있거나 귀털 때문에 분비물 배출이 안 된다면 병원에서 귀털 제거 치료를 해준다.

❷ 피부병

강아지의 1/4가량이 피부병과 귓병 때문에 동물병원을 찾는다고 할 만큼 피부 트러블이 흔하다. 특히 요즘은 음식 알레르기와 아토피로 인한 피부병이 많다. 가려움증이 심하고 몸에 생긴 발진이나 눈가, 입 주위의 습진이 낫지 않고 재발된다면 병원에 가보도록 한다.

피부병은 약만 바른다고 해서 낫지 않는다. 게다가 강아지의 피부는 사람보다 얇아서 상처를 입기도 쉽고 털 때문에 문제가 잘 드러나지 않기도 한다. 따라서 평소에 잘 관찰해서 피부 트러블이 심해지기 전에 치료를 받도록 하자.

❶ 아토피성 피부염

(증상)

최근 빈번하게 발병하는 것이 바로 아토피성 피부염이다. 꽃가루나 먼지, 진드기 등이 원인이다. 생후 6개월부터 3세 사이에 많이 발병하고 골든 리트리버, 시바견 등이 유전적으로 걸리기 쉽다. 가려워서 긁는 증상과 함께 피부가 심하게 붓고 붉은 반점이 생기며 두드러기가 일어난다. 심하게 긁으면 피부에 피나 고름이 나오기도 한다. 특히 벼룩에 의한 알레르기 피부염은 허리와 꼬리 등 벼룩에 잘 물리는 부위에 탈모가 일어나고 붉은 발진이 관찰된다. 대부분 귓병이 동반되므로 어린 강아지에게 귓병이 계속 나타나면 아토피성 피부염을 의심해봐야 한다.

난치성 질환으로 치료와 예방이 쉽지 않다. 실내 환경을 깨끗하게 하는 것이 중요하며, 간지러움이나 염증 같은 증상이 있으면 빨리 병원을 찾도록 한다. 집에서 할 수 있는 예방 및 치료법은 다음과 같다.

• 집 안을 깨끗하게 청소한다

피부병을 유발하는 알레르기 물질을 제거하기 위해서는 집 안을 깨끗하게 청소해야 한다. 아토피성 피부염의 원인이 되는 먼지나 진드기는 청소만으로도 어느 정도 없앨 수 있다. 특히 패브릭 소파나 침대 매트리스, 강아지의 방석 등을 자주 세탁하거나 새것으로 바꾸어준다. 실내가 건조하면 가려움증이 심해지므로 적정 습도(상대습도 40퍼센트 내외)를 유지하고, 무덥고 습한 여름에는 에어컨 등을 켜서 실내를 쾌적하게 해준다.

• 알레르기 물질을 제거한다

강아지 사료를 고를 때 맥주 효모가 들어 있는지를 확인한다. 맥주 효모는 양질의 단백질은 물론 비타민과 무기질을 공급해주지만, 알레르기 유발 물질이 되기도 한다. 또 호흡기를 통해 들어오는 집 먼지 진드기, 곰팡이, 포도상구균, 꽃가루 등도 원인이다. 이들 물질이 몸속에 쌓여 가려움증이나 피부 발적으로 나타나기 전에 미리 없애주어야 한다.

• 영양 섭취에 신경 쓴다

음식물이 직접적으로 질환을 일으키지는 않지만 증상을 악화시킬 수는 있다. 아토피를 앓는 많은 강아지들이 음식에 과민 반응을 보인다. 따라서 알레르기 검사를 해서 먹여도 되는 것과 먹여서는 안 되는 것을 구분하고 그에 맞게 음식을 준다. 면역력을 높이는 영양제를 먹이는 것도 고려한다. 무엇보다 스트레스를 받지 않게 해주는 것이 좋다.

• 피부 손상을 막는다

가려워서 긁거나 입으로 깨물어 상처가 난 피부에 세균이 감염되면 피부 궤양으로까지 진행된다. 따라서 피부를 긁거나 상처가 덧나지 않도록 엘리자베스 칼라(발로 얼굴을 긁거나 몸을 핥지 못하게 하기 위해 목에 씌우는 고깔 모양의 보호대)를 씌우고 면으로 된 옷을 입힌다. 또 피부가 건조해지지 않도록 보습에도 신경을 쓴다.

• 산책이나 외출 후 관리한다

산책이나 외출 후에는 발을 깨끗이 닦아준다. 털이 오염되고 뭉치면 그 부위가 쉽게 감염되기 때문에 빗질도 잘 해줘야 한다. 발은 물 없이 사용하는 세정제로 씻거나 젖은 수건으로 닦은 뒤 드라이어의 찬바람으로 바싹 말려준다.

❷ 모낭충증

모낭충증은 초소형 진드기인 모낭충이 매개가 되어 발병하는데, 면역력이 약한 어린 강아지가 걸리기 쉽다. 초기에는 눈, 코, 입 주변의 털이 빠지다가 서서히 온몸으로 진행된다. 세균에 의한 2차 감염 시 화농, 출혈 등이 나타나고 가려움도 심해진다. 주로 단모견들에서 많이 나타난다. 내과 질환이나 종양, 호르몬 질환, 영양 불균형 등으로 인한 면역력 저하가 원인이다. 면역력이 떨어지면 모낭충이 빠르게 증식해 심각한 피부 질환인 전신 모낭충증을 일으킨다. 국소성 모낭충증은 젖을 먹는 시기에 이 질환을 앓고 있는 어미와 접촉하며 옮는다. 주로 얼굴 전체 혹은 얼굴의 특정 국소 부위에 생긴다.

예방 및 치료

모낭충증은 면역력이 약한 강아지가 주로 걸린다. 생후 1년 미만의 강아지는 면역력을 높여주면 자연스럽게 국소 모낭충증이 사라지기도 한다. 그러나 전신으로 퍼지며 증상이 심해지거나 나이가 들어도 사라지지 않고, 기존에 없던 전신 모낭충증이 갑자기 생겼다면 치료를 해주어야 한다. 암컷은 중성화수술을 해주면 증상이 약화되기도 한다. 암컷의 발정기 때에는 호르몬 변화로 면역력이 저하되어 모낭충의 활동이 왕성하기 때문이다.

3 치주질환

치은염과 치주염은 가장 흔한 치아질환이다. 음식을 먹으면 이빨과 잇몸의 경계부에 플라크라 불리는 세균막이 형성되고 여기에 미네랄 등이 결합하면 노란 치석이 된다. 이 치석이 쌓여 단단해지면 세균이 자라게 되고 이빨이 상한다. 즉 구강의 위생 상태가 좋지 않을 때 발병하는 질환이다.

이 질환은 서서히 진행되기 때문에 초기에는 통증을 거의 느끼지 못하지만, 심해지면 스케일링으로는 치료가 불가능하고 발치를 해야 할 수도 있다. 따라서 평소에 양치질을 규칙적으로 해주는 등 잘 관리하는 것이 중요하다.

증상

치주 질환은 크게 잇몸에 염증이 발생하는 치은염과 잇몸 속 깊숙이 염증이 퍼져 잇몸뼈 주변까지 염증이 진행되는 치주염으로 나눌 수 있다. 잇몸에 염증이 있으면 병변 부위가 부어오르고 쉽게 상처가 생긴다. 작은 자극에도 피가 나고 침을 흘리며 통증이 심한 경우 음식을 먹지 못하기도 한다. 이럴 때 입 주변을 만지면 예민하게 반응한다.

치은염이 진행되면 치근(치아 뿌리)도 감염이 된다. 치주에 문제가 생기면 치아가 흔들리고 잇몸에서 고름이 나오며 구취도 심해진다. 또한 위턱으로 병이 진행되면 치근농양이라 하여 농이 차서 얼굴이 부어오르고 농양이 심해지면 터져 고름이 나온다. 턱뼈에도 영향을 주어 뼈를 녹이고 쉽게 골절이 된다. 치주 질환이 있으면 만성적으로 염증을 일으키는 세균과 세균의 부산물, 그리고 염증성 물질이 혈관을 타고 여러 장기에 영향을 미친다. 특히 신우신염을 유발한다.

예방 및 치료

치은염 초기에는 적당한 약물 처치와 칫솔질로 치료가 가능하다. 치석은 스케일링으로 제거하고, 치은염이나 치주염은 치료를 한다. 칫솔질을 자주 하더라도 유치가 남아 영구치와 접하고 있는 경우 플라크 제거가 잘 안 되기 때문에 조기에 발치해주는 것이 치아가 가지런하게 나고 관리하기에도 편하다. 대부분의 잇몸 질환은 구강 관리로 예방할 수 있다. 플라크는 침에 의한 구강 자정 작용으로 제거가 안 되기 때문에 되도록 매일 칫솔질을 해줘야 한다. 다음은 간단하게 할 수 있는 치주 질환 예방법이다.

• 양치질을 규칙적으로 해준다

치주 질환을 예방하는 가장 좋은 방법은 규칙적으로 양치질을 해주는 것이다. 강아지는 유치가 나기 시작하는 생후 2~3개월부터 양치 습관을 들이는 것이 좋고, 양치질이 끝나면 칭찬을 하고 간식을 주어서 긍정적인 인식을 심어준다. 양치질은 매일 해주는 것이 좋은데 시간이 안 된다면 최소한 2~3일에 한 번은 해주도록 한다. 밥을 먹은 직후에 해주면 효과가 더욱 좋다. 강아지 전용 치약과 칫솔을 사용해서 잇몸에 자극이 가지 않도록 부드럽게 닦아준다. 칫솔질이 어렵다면 물에 타서 먹이거나 젤 형태로 발라주는 치약을 활용한다.

• 치석이 생기지 않게 관리한다

치석은 잇몸 질환을 유발하며, 많이 생기면 칫솔질로도 제거할 수가 없다. 따라서 이때는 스케일링을 해서 치석을 제거해주어야 하는데, 시기는 수의사와 상담해서 결정한다. 미국동물병원협회는 치주염 단계에 따라 1~12개월 단위로 스케일링을 받을 것을 권고하고 있다. 하지만 아무리 스케일링을 했다고 해도 양치질을 2주만 안해도 다시 치석이 생긴다는 사실을 잊지 말자. 딱딱한 개껌을 간식으로 주는 것도 치석 제거에 도움이 된다.

• 습식 사료보다는 건식 사료를 준다

강아지가 습식 사료를 더 좋아하긴 하지만, 먹은 뒤 찌꺼기가 이빨에 남기 쉽다. 따라서 치석이 많거나 치과 관련 질환이 있다면 습식 사료보다는 건식 사료를 주도록 한다. 사람이 먹는 음식도 주지 않는다. 치석 예방 사료를 일반 사료에 섞어 주어도 좋다.

• 장난감을 활용한다

고무로 된 장난감이 치아의 미백과 건강에 도움이 된다. 이때 삼킬 위험이 있는 크기의 장난감은 피한다. 또한 이갈이하는 시기에는 적절한 놀이를 통해 치아가 잘 빠지도록 유도해주는 것도 중요하다.

◇ 칫솔과 치약 고르는 법

칫솔은 강아지용 제품을 고르되 사람용을 사용해도 된다. 강아지의 잇몸에 상처를 내지 않도록 칫솔모가 부드럽고 가늘며 촘촘한 것이 좋다. 헤드는 이빨을 골고루 닦을 수 있도록 작아야 한다. 치약은 자주 사용하는 만큼 계면활성제가 포함되지 않고 적당량의 불소가 함유된 제품을 선택한다. 요즘은 강아지의 기호성을 고려하여 닭고기, 우유, 요거트 등 강아지가 좋아하는 향을 첨가한 제품도 있다.

치약은 처음에는 천천히 냄새를 맡게 하고 익숙해지면 손에 짜서 살짝 앞니에 발라주면서 이빨과 잇몸에 문질러주거나 칫솔에 짜서 양치질을 해준다.

4 심장사상충

여름이 덥고 길어지면서 모기가 우리 곁에 머무는 시간이 길어지고 있다. 게다가 겨울에도 이상 고온으로 인해 심심치 않게 모기를 볼 수 있다. 심장사상충(개사상충)은 바로 이 모기가 옮기는 주요 전염병이다. 강아지의 심장과 폐동맥에 기생하면서 갖가지 문제를 일으키고, 심하면 죽음에 이르게 할 수도 있다. 예방이 중요하다.

(증상)

처음에는 가벼운 기침 증상을 보인다. 그러다 시간이 지나면 기침이 심해지고 호흡이 거칠어진다. 심해지면 팔다리가 붓고 배에 복수가 찬다. 쉽게 지치고 몸을 움직이는 것을 싫어한다. 병이 더 진행되면 각혈을 하거나 기절을 하며, 대동맥 증후군이라는 급성 증상을 일으켜 혈뇨를 보거나 호흡 곤란을 겪기도 한다. 치료가 늦어지면 심장병 증상이 나타나고 생명이 위험할 수도 있다. 사람도 감염될 수 있다.

(예방 및 치료)

미국의 심장사상충협회에서는 한국처럼 전국적으로 심상사상충 감염이 확인된 지역에서는 연중 예방 프로그램을 실시할 것을 권하고 있다. 여름은 물론 겨울에도 실내에서 활동하는 모기가 관찰되고 이로 인한 감염 사례가 보고되기 때문이다. 따라서 계절에 상관없이 예방을 위해 노력해야 한다.

강아지가 생후 3~4개월이 되면 심장사상충 예방을 시작하는 것이 좋다. 이후 한 달에 한 번씩 예방약을 투여한다. 심장사상충약은 먹는 약과 바르는 약으로 나뉘는데, 몸무게에 따라 투여량이 다르므로 반드시 몸무게에 맞는 것을 구입하거나 수의사와 상의하도록 한다.

> **• 정밀검사의 종류와 활용 범위 •**

➡ **엑스레이**
골절, 탈구, 관절염 등 뼈 관련 질환 검사, 이물질 검사, 폐렴이나 기관지염 등 호흡기 질환 검사, 치아 검사, 심장, 간 등 내장 상태 검사 등

➡ **심전도**
심장 조율, 부정맥 유무 등 검사, 혈액 검사, 초음파 검사 등과 조합해 질환에 대한 판독 등

➡ **초음파**
엑스레이 검사로 알기 힘든 부신, 신장, 담낭 등 검사, 림프절 검사, 심장병 검사, 임신 시 필요한 검사, 자궁 질환 검사 등

➡ **CT**
눈, 코, 입, 귀, 뇌 등 두부 이상(종양 등) 검사, 이물질 검사, 흉·복부 종양과 전이 검사, 골격 이상 검사 등

➡ **MRI**
뇌 이상 검사, 척추 질환 검사 등

5 심장병

심장은 강아지에게도 가장 중요한 장기다. 따라서 심장병이 의심되는 이상 증세를 보이면 바로 치료를 받아야 한다. 심장병은 크게 선천성 심장병과 후천성 심장병으로 나눌 수 있다. 선천성 심장병은 말 그대로 가지고 태어나는 것으로 조기에 발견해서 치료를 해주어야 더 나빠지

지 않는다. 가장 흔한 동맥관개존증은 닫혀야 할 동맥관이 정상적으로 닫히지 않고 열려 있는 상태가 지속되는 질병으로, 몰티즈, 푸들, 코커 스패니얼이 많이 걸린다. 후천성 심장병은 나이가 들면서 발병하고, 이 첨판폐쇄부전증이 대표적이다. 주로 시추, 몰티즈, 닥스훈트 등에서 발견된다.

(증상)

· **기침을 한다**

심장병의 초기 증상은 대체로 기침이다. 강아지의 기침 횟수가 증가하고, 주로 밤에 목에 걸린 듯한 기침을 하면 심장병을 의심해봐야 한다. 병이 더욱 심해지면 낮과 밤을 가리지 않는다.

· **호흡이 힘들어진다**

건강한 강아지는 안정기에 1분당 20회 이하로 호흡을 한다. 그러나 심장병으로 인해 폐수종이나 흉수가 발생하면 1분당 호흡수가 50회를 넘어간다. 그러면 강아지는 잠을 편히 잘 수 없고 숨을 가쁘게 쉬면서 꾸벅꾸벅 졸게 된다.

· **운동 능력이 떨어진다**

평소에는 1시간이고 2시간이고 정신없이 뛰어놀던 강아지가 20분 정도만 걸어도 헉헉거리며 산책을 꺼린다. 물론 나이가 들어서 생기는 증상일 수도 있다. 또한 갑작스럽게 운동을 하거나 흥분했을 때 강아지의 입술이나 혀 또는 피부 점막이 푸르게 변하기도 하는데, 이때는 선천적인 심장 질환이나 폐 질환을 의심해볼 수 있다.

• 실신을 한다

강아지가 갑자기 쓰러지는 것 역시 증상의 하나다. 심장이 제 기능을 못하여 발생하는 것이다. 심부정맥 또는 심박출량이나 혈압의 이상 하락이 원인이다. 때로는 완전히 의식을 잃지 않고 실신 전 단계에서 회복되기도 한다. 간질이나 발작과는 다르며, 전구 증상이 없고 자발적으로 진행되며 지속 시간이 짧다.

예방 및 치료

심장병은 보호자가 평소에 유심히 관찰하기만 해도 증상을 발견할 수 있다. 그리고 이 질환은 조금이라도 빨리 발견해서 치료하면 그만큼 오래 살 수 있다. 완치가 힘든 만큼 더 심해지지 않도록 병원 치료는 물론 가정에서도 관리를 잘 해주어야 한다.

강아지의 심장 질환은 4단계로 나누어볼 수 있는데, 병원에서는 초기인 1~2단계에는 심장약보다는 심장 기능성 영양제를 투여한다. 그리고 3단계에는 심장약을 먹이고, 4단계에는 심장약, 부정맥약 등 모든 방법을 동원하여 치료한다. 그러나 병의 진행을 늦추거나 억제할 뿐 완치는 쉽지 않다.

먼저 심장병 처방식 사료를 먹이고 소화가 잘 되는 단백질, 살코기나 북어 등을 준다. 가능하면 소금기를 뺀다. 또한 강아지가 비만이 되지 않게 관리해준다. 타우린이나 카르니틴, 코엔자임 Q10, 비타민 E 같은 항산화제, 오메가 3 등도 심장병 관리와 예방에 도움이 된다. 강아지가 힘들어하면 운동을 자제하고, 스트레스를 받지 않도록 한다. 특히 스트레스를 많이 받는 미용이나 목욕을 할 때는 신경을 쓴다. 갑자기 기절을 할 수도 있는데, 강아지의 몸을 따뜻하게 해주고 심장 주변을 마사지해준다.

👣 6 슬개골 탈구

강아지는 뼈가 부러지거나 어긋나고, 염증이 생기는 질환으로도 병원을 많이 찾는다. 그중에서 무릎 관절 위에 있는 슬개골(뒷다리 무릎뼈)이 어긋나는 탈구가 가장 흔하다. 관절 질환은 선천적 원인이 대부분인데, 미끄러운 바닥을 뛰어다니거나, 뛰어오르거나 뛰어내리는 행동으로 인해 나중에 무릎이 안 좋아지기도 한다. 슬개골 탈구는 초기에 수술을 하거나 수술이 여의치 않다면 재활 등 물리치료를 해서 튼튼하고 건강하게 살 수 있게 해주어야 한다.

강아지는 나이를 먹으면 뼈가 물러지고 관절 연골도 닳는다. 근육이나 인대가 약해지거나 비만이 되는 것도 관절에 부담을 준다. 즉 뼈 및 관절 질환은 어린 강아지보다는 노령견에서 많이 발견된다. 그러나 어린 강아지도 유전적인 요인이나 뜻밖의 사고 등으로 관절에 이상이 생길 수 있다. 강아지의 관절 질환은 겉으로 잘 드러나지 않기 때문에 주의 깊게 관찰해야 한다. 걸음걸이가 평소와 다르거나 움직이려 하지 않고, 만지는 것을 싫어하고, 일어설 때 동작이 굼뜨는 등의 증상을 보인다면 관절 질환을 의심해봐야 한다. 사고나 추락 등의 큰 충격을 받았을 때는 좀 더 세심하게 살펴야 한다.

슬개골 탈구는 가장 흔한 관절 질환으로 슬개골이 활차구(대퇴골의 홈)에서 벗어나 있는 상태를 말한다. 몰티즈, 요크셔 테리어, 치와와, 포메라니안 등 소형견에서 흔한데, 슬개골이 놓이는 대퇴골(넓적다리뼈)의 홈이 얕아 무릎뼈가 제자리에 있지 못하고 벗어나는 것이다. 이런 선천적인 요인 외에도 미끄러운 실내 생활과 뒷다리로 서서 재롱을 부리는 등의 잘못된 습관도 영향을 미친다.

슬개골이 탈구되면 뛰거나 걸을 때 오른쪽, 왼쪽 뒷다리의 보행이 엇박자를 보인다. 한쪽 뒷다리를 들고 서 있거나 그 상태로 걷기도 하고, 산책 후 무릎 부위를 핥고 깨물기도 한다. 심해지면 다리가 비틀리고 걸을 수 없게 된다.

슬개골 탈구를 예방하려면 무릎에 부담을 주지 않아야 한다. 강아지가 주로 거주하는 실내 공간의 바닥에 카펫이나 매트를 깔아서 미끄럽지 않게 해주고, 소파나 침대 등을 오르내릴 때 받침을 놓아주거나 훈련을 통해 주의를 주도록 한다.

이 질환은 수술을 받는 것이 일반적이다. 무릎 관절에 통증을 느끼고 보행 이상을 보이는 단계가 되면 수술을 통해 교정한다. 수술 전이나 후에 발생하는 일시적 염증 및 통증은 소염진통제 복용을 통해 조절이 가능하므로 슬개골 탈구증으로 진단받은 경우라면 수술 전후 병원에서 꾸준히 검진받는 것이 중요하다. 시간이 지날수록 다리의 변형이 심해지기 때문에, 증상이 심한 어린 강아지는 가능한 한 빨리 수술하는 것이 좋다. 탈구에 따라 퇴행성 등 변형성 관절염 질환이 발생하는 경우에는 통증을 완화하는 내과적 치료가 병행되기도 한다.

◇ 관절 질환을 부르는 행동

· **뒷다리로 서기**

뒷다리가 ㅅ자 모양이 되게 서거나 간식을 받아 먹기 위해서 뒷다리로 뛰는 행동은 관절 질환을 부른다.

신발은 NO!

외출을 할 때 강아지에게 신발을 신기는 경우가 있다. 예쁘기도 하고, 발도 보호해줄 수 있을 거라는 생각에서다. 그러나 시중에서 판매되는 신발은 강아지의 발 건강을 고려했다기보다는 액세서리 개념이 크다. 발에 맞지 않는 신발을 오랜 시간 신으면 어정쩡한 자세로 걷게 되어 관절에 무리가 올 수 있으므로 주의해야 한다.

・점프

체중의 몇 배나 되는 힘을 가하게 되는 점프 동작 역시 관절에 무리를 준다.

・슬라이딩

실내 공놀이를 할 때 공을 받으려고 바닥에 미끄러지면 무릎이 순간적으로 하중을 받아 슬개골 탈구를 유발한다. 미끄러운 마루나 장판 위에서는 더더욱 금물이다.

・경사 또는 계단 오르내리기

관절의 염증과 통증을 심화시킨다. 집에 높은 경사나 계단이 있다면 받침을 놓아 강아지의 관절 부담을 덜어주는 것이 좋다.

7 암

반려동물의 평균 수명이 길어지면서 암 발병률도 높아지고 있는데, 특히 10세 이상 강아지의 절반 이상이 암으로 사망한다고 한다. 따라서 조기 발견과 치료가 중요하다. 암은 피부, 내장, 혈액, 뼈 등 모든 조직에서 발병할 수 있는데, 그중에서 강아지들이 많이 걸리는 악성림프종, 피부암, 유선 종양을 중심으로 살펴보자.

❶ 악성림프종

증상

임파선 또는 림프절에서 발생하는 혈액성 종양으로 강아지들이 많이 걸리는 암 중 하나다. 목덜미 부근의 턱밑 림프절에서 많이 발병하나 몸 어느 장기에서도 생길 수 있고 병이 진행되면 골수, 간, 비장에서도 병변이 발견된다. 무기력증과 식욕 부진, 설사, 구토 등을 동반한다. 6~7세 정도에 많이 발병하고 순종 혈통의 박서, 골든 리트리버, 바셋 하운드, 스코티시 테리어 등에게서 많이 나타난다. 턱밑 림프절에서 평소와 다른 무언가가 만져지면 빨리 병원으로 가야 한다. 초기에 발견하면 완치율이 높고 늦게 발견해도 치료를 잘 받으면 생존율이 높다.

예방 및 치료

림프종은 원인이 명확히 밝혀지지 않았기 때문에 조기 발견이 중요하고, 발견하는 즉시 치료를 시작해야 한다. 특히 발병률이 높은 강아지 품종을 기르고 있다면 평소에 림프절을 자주 만져서 이상이 없는지를 확인하고, 정기적으로 건강검진을 실시해서 질병의 유무를 살핀다. 사람과 달리 강아지는 항암 치료에 대한 부작용이 없는 것으로 알려져 있다. 따라서 질병이 의심되면 검사를 받고 바로 치료를 진행하는 것이 좋다.

❷ 피부암

(증상)

피부에 생기는 종양으로 노령견에서 많이 발견된다. 피부암은 악성(암)과 양성으로 나뉘는데, 양성은 강아지가 거의 통증을 느끼지 못하며, 종양의 성장 속도 또한 느리다. 반면 악성은 명확하지 않은 종양의 모습을 보이며 성장 속도 또한 빠르다. 악성에는 비만세포종, 흑색종, 편평상피암종(구강 종양) 등이 있으며, 과도한 햇빛 노출, 화학물질 노출, 유전적 요인, 만성 염증 등이 원인이다. 시추와 마스티프, 바셋 하운드, 블러드 하운드 등이 질병에 약하다.

강아지가 피부암에 걸리면 음식물을 삼키기 힘들어하고 그 영향으로 식욕이 저하되고 체중이 감소한다. 구토나 설사, 기침, 무기력, 탈모 등이 나타나고 신체의 개구부(입, 코, 항문 등)에서 지속적인 출혈이나 분비물이 관찰된다. 호흡이나 배뇨 및 배변에도 어려움을 겪는다.

예방 및 치료

가장 바람직한 예방법은 정기적인 건강검진이다. 특히 유전적으로 이 질병에 취약한 강아지는 더욱 신경을 써주어야 한다. 또한 햇빛이 강한 오전 10시에서 오후 2시에는 실외에 오래 있지 않도록 한다. 피부암은 종양의 범위와 위치에 따라 외과적 수술 요법과 화학적 요법이 이루어지며 방사선 치료가 병행될 수 있다.

❸ 유선 종양

증상

수컷보다는 암컷이 이 질병에 걸릴 확률이 높고, 노령견에서 많이 발견된다. 강아지는 5쌍의 유선(젖샘)이 있는데 젖꼭지에서부터 가슴 양쪽 아래 부위를 따라 이어져 있다. 이 유선을 촉진했을 때 덩어리 같은 것이 만져지면 유선 종양일 수 있으므로 바로 병원으로 가도록 한다. 유선 종양 가운데 선종과 섬유선종은 양성이고 육종, 암육종, 암종, 화농성 암종은 악성, 즉 암이다.

강아지 암의 원인 TIP

- 유전
- 노화
- 호르몬
- 배기가스 등의 환경오염 물질
- 자외선, 방사선
- 식품 첨가물
- 스트레스
- 외상, 세균, 기생충 감염 등

악성 유선 종양은 사람의 유방암과는 다르고, 원인은 특별히 알려져 있지 않지만 발정기와 관련된 호르몬이 연관성이 있다고 여겨진다. 또한 중성화수술을 하지 않으면 그 위험성이 7배가량 높아진다고 하니 수술을 긍정적으로 고려해보도록 한다.

예방 및 치료

새끼를 낳게 할 것이 아니라면 최초 발정기가 오기 전에 중성화수술을 해주는 것이 좋다. 기름진 음식, 특히 지방이 많은 간식을 피하고 자주 산책이나 운동을 해서 살이 찌지 않도록 한다. 종양은 항암 치료가 보편적인 치료 방법이지만 보호자의 입장에서는 치료비도 부담이 되고, 치료 후 부작용이 나타날 가능성도 있어 선뜻 결정을 내리기가 쉽지 않다. 하지만 머뭇거리는 동안 질병이 더 깊어질 수 있고, 치료 후 부작용이 나타날 가능성도 인간에 비해 1/3 정도로 낮다. 푸들, 포인터, 보스턴 테리어, 스패니얼 등이 이 질병에 걸리기 쉽다.

8 안과 질환

눈의 질병은 여러 가지가 원인이 되어 나타나는 만큼 평소에 눈곱이나 눈물의 양, 눈의 색깔 등을 잘 관찰해야 한다. 일단 눈에 이상이 발견되면 병원을 찾아 적절한 치료를 해주는 것이 좋다. 눈병은 가려움이나 통증만 나타나는 것이 아니라 심하면 시력에도 영향을 미치기 때문에 제때 치료를 하는 것이 중요하다. 뇌나 신경 질환이 눈에서 비롯되는 경우도 있다. 대표적인 안과 질환인 유루증, 각막염, 백내장, 녹내장, 포도막염에 대해서 살펴보자.

❶ 유루증

(증상)

유루증은 눈물이 계속 흘러내려 눈 밑 털이 젖고 그 주위가 탈색되고 냄새가 나는 것을 말한다. 흰털을 가진 소형 견종에서 많이 발견된다. 유루증은 눈물샘의 폐색으로 나타나는 것(눈물의 단백질 성분, 기타 이물질에 의해 발생)이 대부분이지만 결막염, 각막염, 포도막염 등 다른 안과 질환으로 인해 발생하기도 한다. 눈물은 겉으로는 맑고 투명해 보이지만 그 속에는 포르피린이란 성분이 함유되어 있어 햇빛과 만나면서 눈물이 흐른 주변이 착색된다. 또는 코 질환의 영향으로 누관이 막혀 눈물이 제대로 배출되지 못해 발생하기도 한다.

눈물과 함께 나오는 눈곱으로 그 주변이 더러워져 습진이나 피부가 부어오르는 등의 증상이 나타난다. 그리고 가려움증과 통증으로 인해 눈을 비비게 돼 증상은 더욱 악화된다.

(예방 및 치료)

유루증의 가장 큰 원인인 눈 주변 털을 평소에 잘 잘라준다. 또 눈에 털이나 티끌 등이 들어가지 않도록 한다. 잘 관찰하기만 해도 이 질환을 어느 정도 예방할 수 있다. 강아지가 유루증 증상을 보이면 눈물을 자주 닦아주고, 눈곱이 보인다면 수의사에게 점안액을 처방받아 넣어준다.

❷ 각막염

(증상)

눈의 각막에 염증이 생기는 질환인 각막염은 크게 외상성과 비외상성으로 나뉜다. 외상성은 다른 강아지나 동물과의 싸움으로 인한 상처, 샴푸 같은 화학적 자극이나 먼지, 티끌, 눈썹 같은 물리적 자극으로 인해 눈을 비비고 문지르는 과정에서 세균이나 바이러스 등에 감염되어 발생한다. 비외상성은 알레르기나 디스템퍼(홍역) 등이 원인이다.

이 질환에 걸리면 가려움과 통증 때문에 눈을 문지르거나 얼굴을 바닥에 비빈다. 이때 눈 주변이 짓무르면서 지저분해지는데 증상이 심해지면 결막의 출혈과 종창(염증이나 종기의 원인으로 피부가 부어오름)이 발생하며 각막의 혼탁 현상과 신생 혈관(새로 생겨난 혈관)도 나타날 수 있다. 각막염이 오래 진행되면 각막 궤양과 녹내장, 홍채염으로 진행되기도 한다.

(예방 및 치료)

가장 좋은 방법은 이른 시기에 발견해서 제때 치료해주는 것이다. 강아지가 눈이 부신 듯한 표정을 짓고, 눈을 문지르거나 얼굴을 바닥에 비비는 등의 이상 증상을 보이면 즉시 병원으로 데려가서 진찰받는다.

❸ 백내장

(증상)

백내장은 눈의 수정체가 혼탁해지는 질환으로 오래 방치하면 시력을 잃을 수도 있다. 주로 나이 든 강아지에게서 발견되나 당뇨병이나 상처, 호르몬 이상 등으로 인해 발병할 수 있다. 어린 강아지에게 백내장이 발견된다면 유전적인 요인 때문이다. 특히 슈나우저, 저먼 셰퍼드, 푸들, 비글, 불도그, 닥스훈트, 리트리버 등에서 많이 발생한다.

백내장에 걸리면 앞이 잘 보이지 않기 때문에 제대로 걷지 못하고 벽이나 물건에 자주 부딪히며 계단을 오르내릴 때 힘들어한다. 또는 눈이나 얼굴을 자주 비비거나 눈을 바닥에 대기도 한다.

(예방 및 치료)

백내장은 이상 징후가 뚜렷하지 않아 초기에 발견하기가 쉽지 않다. 이상하다고 느꼈을 때는 이미 병이 어느 정도 진행된 후다. 따라서 걸음걸이가 어색하고 눈이 혼탁해지는 등의 증상이 나타나면 바로 병원을 찾도록 한다. 초기에는 약물로 진행 속도를 늦출 수 있지만 증상이 심해지면 수술을 받아야 한다. 그러나 유전성 백내장은 수술 후에도 시력을 잃을 가능성이 있다. 조기 발견과 시기적절한 치료가 무엇보다 중요하다.

❹ 녹내장

(증상)

녹내장은 안압이 상승하여 시신경을 압박하면서 눈에 장애가 생기는 질환이다. 초기에는 특별한 증상이 나타나지 않지만 질환이 진행됨에 따라 통증과 함께 각막이 뿌옇게 흐려진다. 녹내장이 심해지면 눈이 튀어나오듯 커지고 시력이 저하되며, 잘못하면 시력을 잃게 된다. 녹내장은 선천적 요인과 후천적 요인으로 나뉜다. 선천적 요인은 안구 내에서 제거되는 수분보다 생성되는 수분이 많아질 때 안압이 상승하며 시신경과 망막을 누르면서 발생한다. 노령견에게서 많이 발견된다. 후천적 녹내장은 모든 연령대의 강아지에게서 발견되고, 포도막염이나 백내장이 녹내장으로 진행될 수 있다.

증상으로는 산대(눈동자가 풀리고 커지는 현상), 충혈, 안구 확장이 나타나며, 눈의 통증으로 인해 머리를 만지거나 누르는 것을 싫어한다. 안구가 급격히 커진다면 질환이 어느 정도 진행된 상태일 가능성이 높다. 구토나 식욕 부진 등도 나타나는데 이 상태가 지속되면 시력을 잃을 수 있으므로 빨리 병원으로 데려가도록 한다.

(예방 및 치료)

이 질환을 예방하기 위한 뚜렷한 방법은 없다. 그러니 녹내장을 일으키기 쉬운 견종(아메리칸 코커 스패니얼, 비글, 시추, 몰티즈 등)은 정기적으로 눈 검사를 하고, 눈에 조금이라도 이상이 보이면 즉시 진찰을 받도록 한다. 녹내장은 안압을 내리기 위해 점안액이나 내복약을 처방받기도 하지만 증상이 심하면 수술을 한다. 수술 후에도 평생 약물을 투여하는 경우가 많고, 정기적으로 안압 측정을 해주어야 한다. 이미 시력을 잃고 눈의 통증이 지속된다면 안구 적출 수술을 하기도 한다.

❋ ⒐ 호르몬 질환

평균 수명이 증가하면서 호르몬 질환 또한 많아지고 있다. 강아지는 특히 당뇨와 갑상선기능저하증, 부신피질기능항진증(쿠싱증후군)에 많이 걸린다. 갑자기 물을 많이 먹거나 소변을 너무 자주 보고 많이 먹지 않아도 배가 나와 보이는 등 평소와 다른 증상이 나타나면 병원으로 데려가 혈액 검사를 받도록 한다. 호르몬 관리를 제대로 하지 못하면 응급 상황까지 올 수 있으므로 평소에 유심히 지켜보자.

❶ 갑상선기능저하증

(증상)

품종, 나이, 암수를 불문하고 모든 강아지에게 나타나는 가장 흔한 내분비 질환 중 하나다. 갑상선은 목의 양쪽에 위치하고 있으며, 여기서 생성된 호르몬은 신체의 여러 대사에 영향을 미친다. 따라서 갑상선의 기능이 저하되면 호르몬 생성이 충분하지 않아 신체 곳곳에 눈에 띄는 이상 증상을 보이게 된다. 갑상선의 염증이나 진행성 부전 또는 위축으로 인해 발병한다. 요오드 결핍증이나 수술 후 후유증, 유전적 요인 때문일 수도 있다.

이 질환에 걸리면 먼저 탈모가 관찰된다. 몸 전체나 부분적으로 탈모가 발생하고, 피모도 윤기를 잃고 푸석거린다. 비듬과 색소 침착 등 피부 질환도 나타난다. 기초대사량이 줄어들어 살이 찌고, 신진대사가 떨어져 쉽게 추위를 탄다. 정신적 기능이 저하되어 평소보다 움직임은 물론 반응도 느리다. 수컷의 경우 성욕이 감퇴한다. 뿐만 아니라 외이염이나 피부병이 생겨도 치료가 어렵고, 내분비계나 순환기 계통의 질환 등에도 영향을 미칠 수 있다.

예방 및 치료

특별한 예방법은 없다. 강아지가 이상 증세를 보이면 병원으로 데려가 진찰을 받고, 갑상선기능저하증으로 판명되면 곧바로 치료를 시작한다. 조기 발견과 조기 치료가 이루어지면 별 염려가 없을 만큼 예후는 좋은 편이다. 그러나 완치는 쉽지 않아 꾸준한 치료와 정기적인 호르몬 검사를 하는 등 보호자의 관심이 필요하다.

❷ 부신피질기능항진증(쿠싱증후군)

증상

신장 위에 위치한 부신에서 분비되는 코르티솔이라는 호르몬이 과다

하게 분비되면서 문제를 일으키는 질환으로 쿠싱증후군이라고도 한다. 강아지가 밥을 많이 먹는 것도 아닌데 갑자기 배가 불룩해지고 살이 찐다면 이 질환을 의심해봐야 한다. 비만과는 다른 질병이다. 뇌하수체에 이상이 있거나 피부병으로 인해 장기간 스테로이드제를 복용했을 때 그 부작용으로 나타난다. 노령견에서 많이 발견되고 몰티즈, 시추, 요크셔테리어 등이 발병률이 높다.

주요 증상으로는 물을 많이 마시는데, 소변 색도 옅고 자는 동안 소변을 보기도 한다. 허기를 잘 느껴 음식은 물론 식물, 흙, 배설물 등을 닥치는 대로 먹는다. 배가 자주 불러오고 배쪽 혈관이 두드러지게 나타나며 피부가 얇아지거나 거무스름하게 변하는 등 여러 피부병 증상도 볼 수 있다. 또한 면역력의 저하로 방광염이나 피부염 등에 걸리기도 한다. 조금만 움직여도 호흡이 가쁘고, 계단도 오르내리기 힘들어한다.

예방 및 치료

이 질환은 당장 치료하지 않는다고 해서 목숨이 위험하지는 않다. 그러나 제대로 관리하지 않는다면 만성 피부 질환, 췌장염, 고혈압 등의 합병증을 유발할 수 있다. 따라서 정기적으로 호르몬 수치를 확인해서 정상적으로 면역 체계가 작동하고 있는지 확인해야 한다. 병원에서는 일반적으로 약물 치료 위주로 하지만 종양이 발견되면 수술이나 방사선 치료도 한다. 꾸준한 관리를 통해 강아지가 정상적인 생활을 할 수 있도록 도와주어야 한다.

❸ 당뇨병

(증상)

인슐린(혈액 내 포도당량을 조절하는 호르몬) 분비의 장애로 혈당 수치가 높아지는 질환이다. 한 번 발병하면 완치가 어렵고 백내장, 세균성 피부염, 방광염 등의 합병증 발생 위험이 높다. 암컷은 자궁 축농증이나 유선 종양이 생기기도 한다. 당뇨병은 아직 뚜렷한 원인이 밝혀지지 않았으나 유전이나 비만, 췌장염 등이 복합적으로 작용해 발병하는 것으로 알려져 있다. 수컷에게서 많이 발견되고, 생후 7년이 지나면 당뇨병에 걸릴 확률이 높다.

이 질환에 걸리면 물을 많이 마시고 소변을 많이 본다. 왕성하게 먹어대지만 체중은 오히려 감소한다. 털의 윤기가 사라지고 눈동자는 뿌옇게 변한다. 당뇨병이 심해지면 구토, 식욕 저하, 몸에서 아세톤 냄새가 나는 등의 증상을 보인다. 심하면 혼수상태에 이른다.

(예방 및 치료)

평소에 살이 찌지 않게 관리해주는 것이 중요하다. 가능하면 육류와 탄수화물 섭취를 줄이고 섬유질이 많은 음식을 먹인다. 신선한 채소나 과일도 섬유질 섭취에 도움이 된다. 산책과 운동도 꾸준히 해주어 혈당을 조절하고 비만이 되지 않게 한다.

당뇨병 역시 다른 질병과 마찬가지로 조기에 발견해서 치료해야 한다. 강아지의 행동이나 식욕, 음수량, 배뇨 등이 평소와 다르다면 병원으로 데려가 검진을 받는다. 병원에서는 혈액 검사와 소변 검사를 통해 인슐린의 투여 횟수와 양을 결정하게 되는데, 집에서 직접 인슐린 주사를 맞혀야 할 수도 있다. 중성화수술도 예방에 도움이 된다. 출산하거나 발정 주기가 끝나면 프로게스테론 농도가 급증하는데, 이것이 질병 발생 위험을 높인다.

10 신경계 질환

신경계 질환이란 신경계, 즉 중추신경계인 뇌와 척수, 말초신경 등에 발병하는 질환을 말한다. 이 부분에 이상이 생기면 경련, 발작, 마비 등의 증상이 나타난다. 이런 질환은 흔하지는 않지만 의외로 많고, 또 발병하면 위험하므로 가능하면 빨리 병원으로 데려가야 한다. 신경계 질환 중에서 많이 발병하는 발작, 뇌수두증(뇌수종), 간질(뇌전증), 치매에 대해 살펴보자. 응급을 요하는 질환이지만 초기에 발견해서 잘 관리해 주면 더 나은 생활을 누릴 수 있다.

❶ 발작

(증상)

신경계 질환 중에서 병원을 많이 찾는 질환이다. 발작은 짧게는 수초에서 길게는 1~2분 이상 지속된다. 발작 상태일 때는 외부에 대한 반응이 없으므로 옆에서 잘 지켜보고, 깨어나면 병원으로 데려가서 처치를 받도록 한다. 발작(또는 간질)의 원인은 다양하다. 유전이거나, 알레르기나 독소에 감염되어 생길 수 있다. 또는 간과 갑상선에 손상이 일어나거나 뇌종양이나 뇌염 등과 같은 뇌와 관련된 문제일 수도 있다. 원인을 알 수 없는 간질성 발작도 있다.

발작은 몸 전체에 증세가 나타나는 전신 발작과 특정 부위에 증세가 나타나는 부분 발작으로 나뉘는데, 전자의 경우 몸이 굳고, 경련이 일어나거나 몸의 움직임을 통제하지 못한다. 후자는 얼굴 근육을 떨거나 심하면 환청이나 환각 증상이 나타날 수도 있다.

예방 및 치료

강아지가 발작을 일으키면 당황하지 말고 경련이 멈추기를 기다려야 한다. 보호자가 아무리 놀라고 당황했더라도 그것을 그대로 표현해서는 안 되며 낮은 목소리로 침착하게 강아지를 진정시킨다. 강아지는 발작을 일으키는 동안에는 의식이 분명하지 않기 때문에 자칫하면 보호자를 물 수도 있다. 따라서 가까이 다가가지 말고, 주변을 치워서 안전을 확보한다. 특히 발작 중에 머리를 부딪히면 증상이 더 심해질 수 있으니 조심한다. 거품을 물거나 침이 많이 나온다면 기도를 막을 수도 있으니 수건으로 입 주변을 닦아준다. 그런 다음 어느 정도 경련이 진정되면 병원에 데리고 간다. 처음 발작을 일으켰다면 혈액 검사를 해서 강아지의 건강 상태를 확인한다.

• 견종별 흔히 나타나는 선천성 및 후천성 질환 •

➡ 몰티즈
슬개골탈구증, 뇌수두증, 동맥관개존증, 심장판막이상증, 저혈당증

➡ 요크셔 테리어
슬개골탈구증, 기관지허탈증, 망막형성장애, 대퇴골두 무혈성 괴사증, 저혈당증

➡ 시추
슬개골탈구증, 뇌수두증, 추간판탈출증, 비공협착에 따른 단두종증후군, 갑상선
기능저하증, 하더선탈출증(체리아이)

➡ 슈나우저
간문맥단락증, 고지혈증, 췌장염, 진행성 망막위축증, 슈나우저면포증후군, 비뇨
기계 결석

➡ 치와와
뇌수두증, 슬개골탈구증, 저혈당증, 기관지허탈증

➡ 포메라니안
뇌수두증, 슬개골탈구증, 저혈당증, 기관지허탈증, X탈모증

---

❷ 치매

노화로 인해 뇌의 기능이 저하되면서 나타나는 정신적 질환이다. 사
람과 마찬가지로 강아지의 평균 수명이 늘어나면서 치매 역시 빠르게
증가하고 있다. 치매의 원인에 대해서는 아직 명확하게 밝혀지지 않았

지만, 노화에 따른 뇌의 위축과 독성 물질이 뇌에 침착해 신경에 변화를 가져옴으로써 발병하는 것으로 여겨진다. 질 낮은 사료나 간식으로 인한 영향, 산책이나 운동 부족에서 오는 우울증 등이 치매로까지 연결될 수 있다. 빠르면 7~8세 무렵부터 시작된다.

치매 증상은 하나둘씩 서서히 나타난다. 초기에는 보호자가 불러도 반응하지 않거나 밤낮이 바뀐 생활을 하고, 허공이나 벽을 보며 짖고 식욕이 왕성해지거나 반대로 잘 먹지 않고, 배변 실수를 한다. 때로는 익숙한 장소에서 자꾸 부딪히거나 좁은 공간에서 원을 그리며 걷듯 계속해서 빙빙 도는 등 공간 지각 능력이 상실되는 등의 모습을 보인다.

예방 및 치료

치매는 사실상 완치가 불가능하다. 다만, 치매의 진행을 늦추고 증상을 완화하는 데 목적을 두고 꾸준히 치료한다면 어느 정도 효과는 있다. 사료나 간식에 항산화제와 관련된 영양제를 섞어 주고, 노즈워크 같은 머리를 쓸 수 있는 장난감을 주거나 함께 놀아준다. 보호자의 관심과 사랑보다 더 좋은 약은 없다.

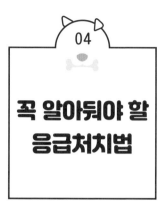

꼭 알아둬야 할
응급처치법

아이를 키울 때 잠깐 한눈을 팔면 넘어져 다치거나 자전거나 자동차에 치이는 것처럼 강아지 역시 예기치 않게 응급 상황과 맞닥뜨린다. 특히 어린 강아지는 가벼운 설사나 구토도 큰 병으로 이어지기도 한다. 따라서 강아지에게 안전한 환경을 만들어주는 것은 물론 미리미리 응급처치법을 익혀서 더 큰 사고로 이어지지 않도록 해야 한다. 주요 응급 상황과 집에서 간단하게 해줄 수 있는 처치법을 살펴보자.

1 응급 상황별 처치법

❶ 물리거나 찔려서 상처가 났을 때

강아지가 물리기 쉬운 부위는 목, 얼굴, 귀, 가슴 등이다. 다른 강아지에게 물려 상처를 입었다면 소독약으로 즉시 처치를 해준다. 만약 밖이라서 소독약이 없다면 흐르는 수돗물로 상처 부위를 깨끗하게 씻어낸다. 물린 상처를 방치하면 염증이나 궤양을 일으킬 수 있으므로 바로 처치를 하거나 병원에 가는 것이 좋다. 강아지에게 물린 곳은 상처가 커보이지 않더라도 피부 밑 연조직이 심하게 손상되었을 수도 있다. 또 세균 감염이나 광견병도 의심해봐야 한다. 문 강아지가 광견병 주사를 맞지 않았다면 반드시 병원에 데려가서 광견병 검사를 한다.

예리한 물건에 찔려서 상처가 났을 때도 마찬가지로 처치를 해준다. 만약 상처 부위의 내부 장기가 보인다면 물 적신 거즈나 수건으로 덮은 뒤 빨리 병원으로 간다.

상처 부위에서 피가 계속 흐른다면 지혈을 해준다. 이때 천붕대보다는 탄력붕대로 느슨하게 감아주는 것이 좋다. 미리 붕대 감는 법을 익혀두면 도움이 될 것이다.

❷ 이물질을 먹었을 때

강아지는 호기심이 강하고 씹는 것을 좋아해서 눈에 보이는 것은 무엇이든 입에 넣으려고 한다. 따라서 강아지가 삼킬 만한 것은 미리 치워두는 것이 안전하다. 그러나 미처 치우지 못한 무엇인가를 삼켜서 갑자기 컥컥거리거나 구토를 한다면 조치를 취해야 한다. 작고 둥근 물건은 배변으로 배설되지만, 날카롭고 뾰족한 이물질은 소화기에 상처를 낼 수 있으므로 그냥 방치해서는 안 된다. 다음과 같은 방법으로 이물질을 제거해보자.

1. 먼저, 강아지가 목걸이를 하고 있다면 뺀다.
2. 강아지의 입을 벌려 이물질이 있는지를 확인한다.
3. 이물질이 기도에 걸려 있다면 뒷다리를 들고 머리를 아래로 향하게 거꾸로 든다. 이렇게 하면 대부분의 이물질은 나온다.
4. 그래도 이물질이 나오지 않는다면 견갑골 사이의 등을 세게 두드린다.
5. 하임리히 구명법을 실시한다. 강아지를 뒤에서 안은 상태에서 몸 쪽으로 잡아당긴다. 이때 한 손은 주먹을 쥔 상태에서 갈비뼈 바로 아래에 놓고 4~5회 정도 가슴을 빠르고 힘 있게 압박한다.
6. 이물질이 나왔는지 확인한 다음 그대로 있다면 5의 과정을 반복한다.

하임리히 구명법으로 다행히 이물질을 제거했다 하더라도 응급 상황을 넘긴 것뿐이니 병원으로 데려가 다른 문제는 없는지를 확인한다.

사람 약이나 부동액, 제초제 등을 먹었을 때도 처치를 해주어야 한다. 강아지가 이들 독성 물질을 먹었다면 최대한 빨리 구토하게 한다. 과산화수소를 물에 희석하여 주거나 구토제를 먹이면 도움이 된다. 그런 다음 가능한 한 빨리 병원으로 데려간다.

❸ 발톱이 부러졌을 때

강아지의 발톱을 자르다 잘못하여 혈관까지 잘라서 피가 나는 경우가
있다. 이때 놀라서 병원으로 달려가는데, 간단한 응급처치를 익혀둔다
면 침착하게 대처할 수 있을 것이다.

발톱을 잘라 피가 난다면 거즈나 깨끗한 솜으로 출혈 부위에 꾹 대고
5분 정도 기다린다. 그럼 대부분은 지혈이 된다. 그래도 피가 멈추지 않
는다면 병원으로 가서 치료를 받는다. 이때 상비약으로 지혈제를 준비
해둔다면 도움이 된다. 출혈 부위에 힘을 줘서 지혈을 한 다음 지혈제를
바르고 1~2분간 다시 꾹 눌러준다. 베이거나 찢겨 출혈이 있을 때도 이
방법을 사용한다.

발톱이 길게 자라면 각종 관절 질환을 일으킨다. 무게중심이 발바닥
이 아닌 발톱으로 쏠리고 보행을 방해하는 것은 물론 슬개골 탈구, 대퇴
부 이상, 고관절 탈구, 십자인대 파열, 발가락 관절염 등이 생긴다. 게다
가 길게 자란 발톱은 위협적이기까지 하다. 처음에 발톱 손질이 어렵다
면 가까운 동물병원이나 미용 숍에 맡기는 것도 방법이다.

❹ 골절상을 입었을 때

소파나 식탁 등에서 뛰어내리다가 앞다리가 부러지는 경우가 의외로
많다. 미끄러운 바닥에서 뛰다가 미끄러져 골절상을 입기도 한다. 이때

가장 중요한 처치는 골절 부위를 고정해서 움직이지 않게 하는 것이다. 수건이나 붕대로 골절 부위를 감고 그 위를 두꺼운 종이나 판자로 감싸 움직이지 않게 한다. 그런 다음 병원으로 가야 가는데, 다급한 나머지 강아지를 안고 뛰어서는 안 된다. 추가 골절이 일어나거나 뇌진탕이 올 수도 있기 때문이다. 또 강아지가 겁을 먹어 보호자를 물 수도 있다.

따라서 바닥이 평평한 이동장에 넣어 병원으로 안전하게 이동한다. 발가락이나 꼬리의 골절, 탈구의 경우에도 부드러운 수건이나 천으로 감싸고 부목을 한 다음 병원으로 간다. 뼈가 약한 어린 강아지나 노령견 은 골절 사고에 더욱 주의를 기울여야 한다.

사람의 경우는 뼈가 붙는 시간이 2개월 정도 필요한데, 강아지는 자 주 움직이고 변수도 많아서 3~4개월 정도 걸린다.

❺ 교통사고가 났을 때

산책이나 운동을 하러 외출했다가 자동차에 치이는 사고를 당하기도 한다. 워낙 순식간에 일어나는 일이어서 미처 손쓸 새도 없다. 이렇게 차에 치이면 강아지는 고통 때문에 신경이 날카로워지게 되므로 무작정 몸에 손을 대어서는 안 된다. 입마개를 씌워 물지 않게 한 다음 응급처 치를 한다.

먼저 몸에 상처가 있는지를 확인한다. 상처가 있다면 압박붕대로 지 혈을 한 다음 병원으로 데려간다. 강아지가 움직이지 못할 때는 담요나 재킷 등으로 들것을 만들거나 딱딱한 널빤지를 이용해 강아지를 운반한다. 의식이 없을 때는 얼굴을 가볍게 때려서 의식을 회복하게 한 후 호흡하기 쉽게 도와준다. 또 강아지가 토를 한다면 고개를 옆으로 돌려 기도를 확보해준다. 교통사고는 외상뿐만 아니라 내장 파열 등 내부의 상처도 심각할 수 있으므로 빨리 병원으로 데려가 치료를 받게 해주어야 한다.

❻ 화상을 입었을 때

수영장 소독에 사용하는 화학물질을 먹었을 때, 피복이 벗겨진 전선을 씹었을 때, 끓는 물이나 기름에 데었을 때 화상을 입을 수 있다. 대부분의 화상은 끓는 물이나 기름 때문에 발생한다. 겨울에는 각종 전열기구나 전기장판 등도 화상의 원인이 된다. 목욕 후 사용하는 헤어드라이어도 조심해야 한다.

강아지의 화상은 사람과 마찬가지로 3단계로 나뉜다. 1도 화상은 피부가 붉게 변하고 통증이 느껴지지만 물집은 생기지 않는다. 2도 화상은 화상 부위가 심하게 부으면서 물집이 생긴다. 3도 화상은 응급 상황으로 진피층은 물론 지방층까지 손상되고 피부가 검게 그을리며 심하면 쇼크를 일으킬 수 있다.

만약 가벼운 화상이라면 화상 부위에 즉시 찬물을 부어 충분히 식혀준다. 그런 다음 강아지용 화상 연고를 발라주고 병원에 문의한다. 이때 화상 부위를 차가운 욕조에 담그거나, 아이스팩이나 얼음을 직접 대지 않도록 한다. 잘못하면 저체온증에 걸리거나 상처 부위를 더욱 아프게 할 수 있다. 상처 부위를 제외한 곳은 담요를 덮어 체온을 유지해준다.

좀 더 심한 화상이라면 상처 부위를 잘 씻어준 다음 멸균된 거즈로 감싸서 바로 병원으로 데려간다. 상처 부위가 넓을 경우 치료가 늦어지면 몸 안에 있는 수분을 빼앗기게 되고 자칫 2차 감염도 생길 수 있으니 재빨리 치료를 받도록 한다.

피복이 벗겨진 전선을 씹었을 때는 감전은 물론 화상을 입을 수 있다. 만약 감전되어 쓰러진 강아지를 발견했다면 무작정 만지지 말고 고무장갑을 끼고 플러그를 뽑고 차단기 퓨즈를 내린다. 그런 다음 강아지의 상태를 확인한 후 병원으로 데려간다.

❼ 뱀에 물리거나 벌에 쏘였을 때

날씨가 좋아서 산으로 들로 산책을 나갔다가 벌에 쏘이거나 뱀에 물릴 수 있다. 일반적으로 뱀에 물린 상처는 발견하기 어려워 응급처치가 쉽지 않다. 산이나 풀숲 산책 중에 강아지가 그 자리에 선 채 심하게 떨고 침을 흘리며 동공이 확장되거나 구토 등의 증세가 보이면 뱀에 물렸을 수 있다. 뱀에 물리면 두 개의 이빨 자국이 남는데, 몸을 꼼꼼히 살펴서 자국을 발견하면 즉시 병원으로 데려가도록 한다. 이때 응급처치를 한다고 상처를 칼로 베고 입으로 독을 빨아내려고 해서는 안 된다. 오히려 독을 더 빨리 퍼지게 하는 것은 물론 보호자의 건강에도 악영향을 미칠 수 있다.

병원에 가기 전에 할 수 있는 응급처치는 다음과 같다. 뱀에 물린 자리보다 한 뼘 위쪽을 끈이나 헝겊으로 단단히 묶어준다. 얼음주머니가 있다면 차갑게 찜질을 해주면 도움이 된다. 이렇게 기본 처치를 한 후 독이 몸 전체로 퍼지기 전에 최대한 빨리 병원으로 간다.

산책에서 맞닥뜨리게 되는 위험 요인 중 또 하나가 벌이다. 강아지는 날아다니는 벌을 보면 사냥 본능이 발동해 지칠 줄 모르고 쫓아다닌다. 이에 위협을 느낀 벌은 강아지의 앞발이나 얼굴에 벌침을 쏜다. 쏘인 부위가 부어오르면 당황하지 말고 신용카드 같은 것으로 침을 살살 긁어서 뽑아낸다. 벌침은 벌의 몸에서 분리된 뒤에도 최대 3분 동안 독을 주입할 수 있으므로 가능한 한 빨리 제거해주어야 한다.

강아지를 진정시킨 다음 천에 차가운 물을 적셔 해당 부위에 냉찜질을 해서 붓기를 가라앉힌다. 쏘인 곳이 더 부풀어오르면 수의사에게 연락해 조언을 구하거나 상태가 안 좋아진다 싶으면 병원에 데려간다. 특히 알레르기 반응에 주의해야 한다. 벌에 쏘인 자리가 부풀어오르고 5~10분 안에 분홍색이던 잇몸이 창백해지며 구토와 호흡곤란이 일어난다. 침을 흘리고 정신이 혼미한 상태를 보인다. 심하면 과민성 쇼크를 일으키기도 한다. 이때 즉시 병원에서 처치를 받도록 해주어야 한다. 꿀벌 같은 비교적 약한 벌의 독이라도 강아지에게는 치명적일 수 있으므로 벌에 쏘인 즉시 독을 빼내는 등 응급처치를 해야 한다.

2 증상으로 알아보는 주요 질병

이상증상	주요 증상	예상되는 질병
발열	기운이 없고 재채기, 콧물, 기침	감기나 바이러스, 세균에 의한 감염증
	여름철 외출 후 숨이 거칠고 축 처져 있다	일사병, 열사병
	상처를 입었다	염증에 따른 발열
설사	묽은 변, 혈변, 점액변	디스템퍼, 파보 바이러스 감염증, 코로나 바이러스성 위장염
	설사와 함께 구토나 발열이 있다	기생충, 세균 감염, 식중독
	식욕과 기운이 있다	과식, 우유나 지방 섭취에 따른 설사
변비	배변 후 기운을 차렸다	단순 변비
	구토를 동반한다	장폐색
	설사와 변비를 반복한다	장의 종양, 소화관의 이상, 감염증
	수컷이라면	전립선 이상
변의 색이 이상하다	혈변, 검은 변	기생충, 식중독, 출혈성 대장염
	항문 주위에 출혈이 있다	항문 주위 염증
변에 벌레가 섞여 있다	엉덩이를 자꾸 바닥에 비빈다	조충증
	식욕이 없고 구토를 한다	회충증
	변비 또는 혈변	구충증
입냄새가 난다	치아에 치석이 있거나 잇몸에서 출혈이 있다	치주병, 치조농루
	식욕이 없고 구토도 한다	신장 기능 장애
소변 이상	자주 소변을 보고, 소변 양이 적다. 정해진 장소가 아닌 곳에서나 소변을 본다	방광염
	소변의 양이 줄고 하복부가 부푼다	요로폐색
	다갈색이나 붉은색의 소변이 나온다	방광염, 요도염, 전립선염, 양파 중독, 결석증, 요로결석증

구토	하루에 몇 번씩 구토를 한다	위염
	토하려 하는데 하지 못한다	필라리아, 위염전, 위확장
	설사나 혈변을 동반한다	파보 바이러스 감염증
	침을 많이 흘리거나 경련을 일으킨다	농약 혹은 약물 중독
물을 많이 먹는다	최근에 사료를 건조 사료로 바꿨다	별탈 없는 경우가 대부분
	체중이 줄었다	당뇨병, 신장질환
	5세 이상의 암컷으로 출산 경험이 없거나 피임수술을 받지 않았다	자궁축농증
호흡이 거칠다	기침을 동반한다	기관지염이나 켄넬코프(심한 기침/쿨럭쿨럭), 폐렴이나 필라리아(약한 기침/콜록콜록)
	열이 있다	감염증 우려
	여름철이거나 햇빛을 피하지 못하는 장소에서 지낸다	열사병, 일사병
콧물이 난다	무색이고 줄줄 흐른다	비염, 코감기
	누런색이고 약간 끈적인다	감염증, 디스템퍼(예방접종을 하지 않았을 경우) 등
	누르스름하고 끈적이며 피나 고름이 섞여 있다	부비강염
	무색이고 끈적인다	코의 종양, 폐렴 및 기관지염 등
귀의 이상	귀를 계속 긁거나 머리를 흔든다, 귓속에 검고 끈적끈적한 고름이 보인다	외이염
	귓속에 검은 귀지가 보인다	귀 진드기
	귀나 머리를 만지면 싫어한다, 머리를 기울이는 듯한 동작을 취한다. 기운이 없어 보인다	중이염
	자꾸 머리를 흔든다. 귀가 빵빵하게 부풀어 있다	귀의 혈종
눈곱이 많다	항상 눈물이 나고 아래 눈꺼풀이 충혈되어 있다	결막염, 각막염

증상으로 알아보는 주요 질병

먹는 양이 늘었다	많이 먹는데도 마른다	기생충, 당뇨병
털이 빠진다	등에서 엉덩이, 꼬리 쪽 털이 빠진다, 붉은 점이 있다	벼룩 알레르기
	머리나 얼굴, 귀 부분의 털이 빠진다	개선충증
	몸의 좌우대칭으로 털이 빠진다	갑상선 기능 저하증, 쿠싱증후군
	얼굴이나 양쪽 귀, 허벅지 안쪽, 겨드랑이 등의 털이 빠진다	아토피성 피부염
엉덩이를 땅에 비빈다	변을 보면 연한 핑크색 손톱 모양의 벌레가 섞여 있다	조충증
	항문 부근을 핥거나 변을 잘 보지 못한다	항문주위염
	항문을 핥거나 자신의 꼬리를 쫓아 빙빙 돈다	항문낭염
	설사가 계속되고 항문 주변이 붉다	탈항
걸음걸이가 이상하다	산책 중에 갑자기 멈춰 선다, 필라리라 예방접종을 하지 않았다	필라리아
	움직임이 둔하고 안아주는 것을 싫어하거나 떤다	추간판 헤르니아
	다리를 들어 올린다, 다리를 질질 끈다	슬개골탈구
	다리를 들어 올린다, 움직이지 않는다	골절
	다리를 끌거나 선 채로 움직이지 않는다, 뒷다리를 모으고 달리거나 엉덩이를 좌우로 흔들면서 달린다	고관절형성부전
산책 중에 멈춰 선다	축 처져 있고 기운이 없다. 특히 더운 여름날에 호흡이 힘들어 보이고 잇몸과 입안의 색이 이상하다. 한밤중이나 새벽에 기침을 한다	일사병, 열사병, 심장병
	어딘가 자꾸 부딪힌다, 움직이는 것에 반응하지 않는다, 계단을 무서워한다, 눈동자가 탁해졌다	백내장

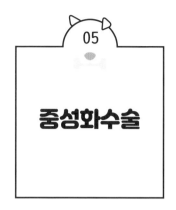

중성화수술

생후 4~5개월 무렵 예방접종이 끝나면 그다음 고민 중 하나가 중성화수술이다. 강아지를 키우는 사람이라면 누구나 한 번쯤 중성화수술을 해야 하는지에 대해서 고민해보았을 것이다. 그만큼 보호자 입장에서는 결정을 내리기가 쉽지 않은 문제다.

강아지의 건강을 위해서는 해주는 것이 좋을 것 같고, 또 모든 생명체에게 출산은 본능이자 축복이기에 하면 안 될 것 같기도 하다. 모두 맞는 말이다. 강아지의 건강을 위해 어릴 때 해줄 수도 있고, 새끼를 낳은 뒤 해주는 것도 방법이다. 보호자와 강아지의 사정을 고려해서 어떻게 하는 것이 좋은지를 결정하는 것이 어떨까.

🐾 1 중성화수술

❶ 수컷

중성화수술이란 수컷은 고환을 제거하고, 암컷은 난소와 자궁을 들어내서 성호르몬 분비를 막는 것이다. 수컷의 수술은 비교적 간단해서 수술을 고민하고 있다면 일찍 해주는 것이 좋다. 생후 4~5개월 무렵 예방접종이 끝나고 하는 것이 일반적이다. 중성화수술을 하지 않으면 사람의 팔이나 다리에 몸을 올리고 생식기를 비비는 행동을 자주 하고, 다리를 들고 소변을 보는(마킹) 횟수가 증가한다. 흥분해서 생식기가 포피에서 노출되기도 한다.

하지만 이런 이유만으로 중성화수술을 권하는 것은 아니다. 수의학적인 관점에서, 또 질병과 관련된 강아지의 건강한 삶을 위해서라는 관점에서 보면 수컷의 경우 수술을 하면 생식기 관련 질환이 덜 생긴다. 대표적인 것이 전립선 비대증이다.

중성화수술을 하지 않은 수컷은 6세 이후 전립선이 비대해진다. 그래서 소변을 보기 힘들어하고 심하면 혈뇨가 나온다. 고환을 제거하는 것이 잔인하다고 생각할 수 있지만, 강아지에게는 건강을 선물해주고 앞으로 겪게 될 더 큰 고통을 덜어주게 될 것이다.

그 밖에 고환 종양, 항문 주위 종양, 포피염, 회음부 탈장 등 남성 호르몬이 관여하는 다양한 질병의 발생을 낮추기도 한다. 또 유기견을 방지하는 효과도 있다. 주변에 가임기 암컷 강아지가 있으면 수컷은 냄새를 맡고 집을 나가기도 한다.

한편, 중성화수술을 해주면 대사량 감소로 인해 체중이 증가하기 쉬운데, 이것은 운동과 식이 조절로 극복이 가능하다.

◇ 잠복고환

수컷 강아지는 생후 3~10일 후부터 복강 안에 있던 고환이 내려온다. 만약 생후 10주가 되어도 고환이 촉진되지 않으면 고환이 음낭으로 내려오지 못한 상태인 잠복고환을 의심할 수 있고, 생후 6개월이 되어도 내려오지 않으면 최종적으로 잠복고환으로 진단한다. 잠복고환은 고환 종양으로 발전할 가능성이 매우 높으므로 반드시 수술을 해주어야 한다.

❷ 암컷

암컷은 수컷과는 경우가 좀 다른 것 같다. 그래도 한 번쯤 새끼를 낳아봐야 하는 것이 아니냐고 생각하는 것이다. 이것에 대한 정답도 단 한 가지, 중성화수술의 장점이 훨씬 많다고 할 수 있다. 그럼에도 강아지에게 새끼를 낳게 하고 싶다면 두 번째 생리 이후에 교배를 해서 새끼를 낳고 바로 중성화수술을 해주기를 권한다. 만약 그전에 수술을 해주고 싶다면 첫 생리 이전(생후 6~7개월)에 해주는 것이 좋다.

암컷은 사람과 달리 폐경이 없다. 그래서 한 번 발정을 시작하면 중성화수술을 시키지 않는 한 평생 짝짓기를 하고 출산을 할 수 있다. 다

TIP

- **수컷**

장점: 마운팅이나 마킹, 공격성을 감소시킨다. 남성 호르몬의 과다 분비에 따른 질병(전립선
비대, 고환 종양, 회음부 탈장, 항문 주위 종양) 발생을 낮춘다.
단점: 새끼를 볼 수 없다. 비만이 되기 쉽다.

- **암컷**

장점: 자궁과 난소에 기인하는 질병(유선 종양, 자궁축농증) 발생을 낮춘다.
단점: 새끼를 볼 수 없다. 비만이 되기 쉽다.

만 7세가 넘으면 출산율이 떨어지고 발정 시기가 조금 길어지며 강도
도 줄어든다. 암컷도 수컷과 같이 생식기를 비비는 행동을 자주 하며
번식기에는 생식기에서 분비되는 분비물로 집 안을 더럽히기도 한다.

생리 횟수가 증가할수록 생식기 질환이 발생할 확률도 높아진다. 대
표적인 것이 유선종양과 자궁축농증이다. 6세 이상의 암컷이 컨디션이
안 좋아서 검사를 할 때 가장 먼저 봐야 할 장기가 자궁과 난소라고 할
정도로 생식기 질환이 많다. 난소에 혹이 있고, 자궁에 물이 차거나 농
이 있고, 자궁내막에 염증 병변도 많이 생긴다.

또한 첫 생리 이전에 중성화수술을 하면 유방암 발생 확률이 거의 없
는데, 생리를 한 번이라도 하면 유방암의 발병 확률이 10% 이상으로 높
아진다. 유선 종양은 악성의 비율이 상대적으로 높고, 종양 중 가장 많
이 발병한다. 수컷 못지않게 암컷도 중성화수술이 필요한 이유다.

2 발정

❶ 수컷

수컷에게는 발정 시기가 따로 없으며, 생후 6개월부터 발정을 시작해 평생 한다. 주변에 가임기 암컷 강아지가 있으면 뛰어난 후각으로 냄새를 맡고 발정을 한다.

수컷은 욕구가 해소되지 못하면 심한 스트레스에 시달린다. 식욕을 완전히 잃거나 밤에 밖에 나가려고 하거나 계속해서 짖어대는 강아지도 있다. 그리고 보호자의 팔이나 다리, 또는 봉제 인형에 몸을 올리고 생식기를 비비는 행동을 한다. 이런 행동은 성적인 의미만이 아니라 놀이 중에도 하게 되는데, 그대로 두면 계속 하게 되니 처음부터 습관을 들이지 않는 것이 좋다.

❷ 암컷

생리는 생후 6개월에서 1년 정도 지나면 시작해 1년에 1~2번, 15~20일 정도 한다. 생리 색깔은 처음에는 진한 적색을 보이다가 1주일 후부터는 연한 진분홍색을 띤다. 증상은 강아지마다 다르지만 대체로 생식기가 부풀어오르고, 자주 생식기 부분을 핥는다. 또한 식욕이 떨어지고 예민하며 혼자 있고 싶어한다. 생리를 하게 되면 호르몬 변화로 인해 스트레스를 많이 받으므로 산책을 자주 해주고 놀아주는 등 더욱 관심을 기울여주는 것이 좋다.

시작	발정 전기 (1주~10일)	발정기 (1주~10일)	발정 후기 (2~3주)	무발정기
	생식기가 부풀고 출혈을 한다.	출혈이 멈추고 수컷을 받아들인다.	생식기의 부푼 부분이 가라앉고 수컷을 거부한다.	

강아지는 발정기에 출혈을 하지만 인간의 생리와는 원리와 구조가 다르다.

◇ 생리 시 주의사항

생리를 하면 바지를 입히거나 기저귀를 채울 수 있다. 하지만 이를 싫어하는 강아지가 많다. 이럴 때는 집 안 조용한 곳이나 잠자리에 낡은 천을 깔아준 다음 더러워지면 바로 바꿔준다. 그리고 이 시기에는 수컷과의 접촉을 조심해야 한다.

암컷 강아지는 생후 6~7개월에 생리를 시작해서 평생 동안 한다. 따라서 새끼를 낳게 할 것인지 말 것인지를 고려해서 중성화수술 시기를 결정한다.

◇ 생리용품

애견숍이나 온라인 숍 등에서 강아지 전용 생리대 및 생리용 팬티를 판다. 강아지의 크기에 맞는 것을 고르면 된다. 반바지 형태도 있으니, 외출할 때 입히면 도움이 될 것이다.

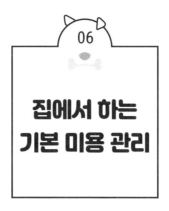

집에서 하는 기본 미용 관리

강아지의 건강과 미용을 위해서는 털은 물론 목욕, 귀, 발톱, 치아 및 잇몸 등을 관리해주어야 한다. 그러나 아직 강아지가 낯선 초보 반려인은 어디서부터 어떻게 해주어야 할지 엄두가 나지 않는다. 그렇다고 동물 병원이나 전문 숍에 맡기자니 비싼 비용도 걱정이지만, 강아지와 가까워질 기회를 만들 수 없는 것도 고민이다.

앞에서도 말했듯이 미용과 건강관리도 반드시 해야만 하는 숙제쯤으로 여기지 말고 놀이나 교감하는 시간으로 생각해보자. 빗질이나 목욕을 하면서 강아지와 즐겁게 노는 것이다. 만약 강아지가 싫어하거나 힘들어한다면 멈추고, 자주 가볍게 쓰다듬어주고, 잘 견뎌내면 간식과 칭찬으로 보상을 해준다. 이런 과정을 통해서 강아지와 더욱 가까워지는 것은 물론 질병을 미리 발견할 수도 있고, 세상에서 하나뿐인 내 강아지를 위한 전문 미용사가 될 수 있다.

🐾 1 털 손질하기

견종에 따라 차이는 있지만 대부분의 강아지들은 몸이 털로 덮여 있고, 또 시시때때로 빠져서 집 안 곳곳에 털 뭉치가 쌓인다. 털갈이를 하는 봄과 가을에 특히 심하다. 봄에는 겨울에 적응하기 위해 필요했던 굵고 긴 털이 빠지고 짧고 가느다란 털이 나고, 가을에는 여름에 적응하기 위해 필요했던 짧고 가느다란 털이 빠지고 새로이 굵고 긴 털이 난다.

이때 빠진 털을 그대로 두면 피부 질환에 걸리는 것은 물론 신진대사도 원활하지 않게 된다. 보기에도 좋지 않다. 따라서 매일 브러싱을 해서 빠진 털을 정리하고 피부와 피모를 보호해주어야 한다. 털 손질에 필요한 도구와 쉽고 간단하게 할 수 있는 털 손질법을 살펴보자.

❶ 기본 도구

• 일자 빗

가장 일반적인 빗이다. 장모종의 엉킨 털을 풀 때 사용하거나 마무리 빗질을 할 때 사용한다. 빗살의 간격이 넓은 빗은 대형견이, 간격이 촘촘한 빗은 소형견이 사용하기에 좋다.

• 슬리커 브러시

철사 모양의 금속 핀이 박혀 있는 빗으로, 빠진 털
을 제거하거나 엉킨 털을 풀고, 결을 정리하는 데 사
용한다. 털이 가늘고 긴 강아지에게 적합하다. 강아
지의 피부에 닿으면 상처가 날 수 있으므로 주의한다.

• 핀 브러시

금속 핀이 고무에 촘촘하게 박혀 있다. 복슬복슬한
장모종이나 중간 길이의 털을 가진 강아지에게 적합
하다. 피부에 자극을 주는 효과도 있다.

• 동물털 브러시(브리슬 브러시)

돼지나 말 등의 털로 만든 빗이다. 2개월 무렵까지의 강아지나 피모
가 약한 강아지에게 적합하다. 빠진 털과 먼지를 제거하고, 정전기를 방
지해준다. 단모종과 장모종 모두 사용 가능하다.

• 마사지 브러시

고무나 실리콘 재질의 빗으로 마찰을 일으켜 빠진
털이나 먼지를 제거한다. 털이 짧은 강아지에게 적합
하고, 마사지 효과도 있다. 특히 목욕시킬 때 사용하
면 좋다.

• 셰드 킬러 브러시

죽은 털을 제거하는 데 좋다. 두 개의 브러시로 구성되어 있는데, 굵고 듬성듬성 난 브러시는 일자 브러시와 같은 기능을 하고 촘촘한 브러시가 죽은 털을 제거하는 역할을 한다. 중장모 견종에 적합하다.

• 트리트먼트

상한 털을 부드럽게 가꾸어준다. 정전기 방지 효과도 있다.

❷ 털 손질하기

1. 빗질은 매일 시간을 정해놓고 일정한 장소에서 해주는 것이 좋다. 어린 강아지일 때는 이가 촘촘한 빗을, 좀 자라면 털 길이와 견종에 맞는 빗을 선택하여 빗어준다. 생후 1개월 반 무렵부터 빗질에 익숙해지게 해서 천천히 습관을 들이는 것이 좋다.

2. 빗질은 털이 날려도 좋은 장소에서 한다. 그리고 바닥보다는 테이블에서 하는 것이 좋다. 그래야 강아지의 움직임을 제한해서 좀 더 손쉽게 빗질을 할 수 있다. 이때 미리 '앉아', '엎드려' 등의 훈련을 해두면 도움이 된다.

3. 머리에서 꼬리 쪽으로 털이 난 방향으로 빗는다. 엉덩이와 어깨의 털은 아래쪽으로 자라므로 빗질도 그에 맞게 한다. 꼬리털은 90도로 옆으로 자라므로 빗질도 털의 뿌리에서 90도를 이루며 바깥쪽으로 한다.

4. 빗질할 때 생식기나 항문, 눈 주변 등 연약한 부위는 피해야 한다. 자칫하면 자극을 줄 수 있다.

5. 계절에 따라서 손질을 다르게 한다. 속털이 촘촘해지는 가을에는 빗질을 정성껏 해서 피부에 자극을 줌으로써 속털이 자라는 걸 촉진시키고 털이 뭉치는 걸 방지한다. 또 털이 빠지는 시기에는 슬리커 브러시로 빗어 빠진 털을 깨끗하게 정리해준다.

6. 털갈이 외에 스트레스나 임신, 질병 등으로도 털이 빠질 수 있으므로 평소에 잘 관찰하고 그에 맞게 관리를 해준다.

7. 목욕 전에 털 손질을 해준다. 만약 강아지의 털이 엉켜 있다면 조심스럽게 풀어주고, 풀 수 없을 정도로 엉켜 있으면 그 부분을 가위로 잘라준다.

8. 털이 긴 강아지는 빗질만으로는 깨끗해지지 않는다. 트리트먼트를 털에 바르고 잘 비빈 다음 빗질이나 솔질을 하면 윤기가 난다.

❸ 빗질 방법

· 단모종

처음에는 털 방향을 따라, 다음은 반대로, 마지막에는 다시 털 방향으로 빗어준다.

· 장모종

핀 브러시로 목 ➡ 앞다리 ➡ 몸통 ➡ 뒷다리 순으로 털의 방향에 따라 빗어준다.

◇ 엉덩이 털 관리하기

엉덩이 털은 강아지가 배설할 때마다 더러워진다. 따라서 엉덩이 청결을 유지하려면 항문 부위의 털을 잘라주는 것이 좋다. 이렇게 하면 배설 후에 엉덩이를 물티슈로 가볍게 닦는 것만으로도 깨끗해지고 손질이 훨씬 편해진다.

1. 간식을 주면서 엉덩이나 꼬리, 항문 주위를 만지는 것에 대한 거부감을 없앤다.
2. 강아지의 허리나 꼬리를 확실하게 잡은 뒤 털을 잘라준다.

2 목욕하기

목욕은 언제부터 해주면 좋을까? 입양 첫날은 강아지가 아직 새로운 환경에 적응되지도 않았고 이동에 의한 스트레스 때문에 심리적으로 불안정할 수 있기에 목욕을 시키지 않는 것이 좋다. 만약 냄새가 난다면 수건에 따뜻한 물을 적셔 항문과 발바닥, 귀 부분을 부드럽게 닦아준다. 스트레스를 받은 상태에서 목욕까지 하면 면역력 저하로 스트레스성 설사를 할 수 있기 때문이다.

강아지가 어느 정도 집에 적응하고 심리적으로 안정되었다 싶으면 목욕을 해주도록 한다. 목욕 주기는 따로 정해져 있지 않은데, 많게는

1~2주에 한 번, 적게는 4주에 한 번 해주는 것이 좋다. 강아지를 목욕시키킬 때 어떻게 해야 하는지를 살펴보자.

❶ 목욕하기

· 털을 빗질해준다

강아지를 목욕시키기 전에 털을 손질해주어야 한다. 특히 긴 털을 가진 종은 엉킨 털을 풀어주어야 편안하게 목욕을 즐길 수 있고 목욕 후 털 속에 샴푸 잔여물도 남지 않는다. 피부병도 예방해준다.

· 천천히 물에 적응시킨다

목욕 전에 샤워기 물을 틀어서 그 소리에 익숙해지게 한다. 소리에 민감한 강아지를 목욕시킬 때는 샤워기를 몸 가까이에 붙여 소리가 나지 않도록 한다. 물의 온도는 35~38도가 적당하다. 무엇보다 강아지에게 목욕을 하면 즐거운 일이 생긴다는 경험을 하게 해주는 것이 좋다. 칭찬과 함께 간식으로 목욕 시간을 즐겁게 만들어준다.

· 꼬리나 다리, 엉덩이, 몸통, 배, 가슴 순으로 적신다

물이 닿는 순서는 심장에서 먼 쪽인 꼬리와 다리, 엉덩이, 몸통, 배, 가슴 순으로 한다. 꼬리부터 목까지 물을 충분히 적셨다면 얼굴은 손으로 씻겨준다. 특히 코와 귀에 물이 들어가지 않도록 조심한다. 귀에 물이 들어가 방치될 경우 곰팡이가 생기거나 질병을 유발하는 세균이 번식할 수 있기 때문이다.

· 강아지용 샴푸를 사용한다

강아지 전용 샴푸를 사용해야 한다. 아무리 순한 아이용 샴푸라 해도 적합하지 않다. 사람이 쓰는 샴푸는 강아지의 피부를 건조하게 하고, 박테리아, 해충, 바이러스 등에 취약하게 만들 수 있기 때문이다. 샴푸가 몸에 남아 있으면 피부 염증의 원인이 되므로 꼼꼼하게 씻어준다. 목욕 전에 샴푸, 수건, 드라이어 등을 미리 준비해둔다.

· 샴푸 후 충분히 헹궈준다

샴푸는 적당량을 손바닥에 덜어 거품을 낸 다음 물에 적실 때와 같은 순서로 온몸을 마사지하듯 발라준다. 그런 다음 얼굴부터 몸통, 다리 순으로 깨끗하게 헹궈준다. 특히 냄새가 많이 나는 발바닥도 빼놓지 않고 씻긴다. 목욕 후 샴푸가 눈에 들어갔을 때는 인공눈물이나 눈 세정제로 씻어준다.

· 젖은 털을 말려준다

목욕을 마치면 스포츠 타월처럼 흡수력이 강한 수건으로 물기를 제거해준다. 이때 강아지가 몸을 털어 물이 사방으로 튈 수 있으니 주의한다. 장모종은 털이 길어 엉킬 수 있으므로 수건으로 닦을 때 비벼서 닦지 않는다. 헤어드라이어를 사용할 때는 피부에 화상을 입기 쉬우므로 사람의 피부와 강아지의 피부는 pH(산성 또는 알칼리성의 정도)가 다르다. 사람의 피부는 4.5~6.5pH로 약산성이지만 강아지는 7.5pH로 중성이다. 따라서 사람이 쓰는 샴푸를 사용한다면 따끔거림, 가려움, 건조증 같은 부작용이 나타날 수 있으니 강아지용 샴푸를 구매해서 사용하도록 한다. 강아지의 피부가 예민하다면 다리 뒤쪽에 시험을 해본 후에 사용한다.

샴푸는 견종이나 털 색깔, 피부 민감도, 나이 등에 따라 다양하게 나와 있으므로 내 강아지에게 맞는 것을 선택한다. 샴푸와 린스는 겸용보다는 따로 쓰는 것이 좋으며, 약용 샴푸는 담당 수의사와 상담 후 사용한다. 특히 어린 강아지는 아직 피부가 약하고 면역력이 낮으므로 가능하면 자극이 적고 유해 성분이 최소화된 제품을 골라야 한다.

사료를 고를 때와 마찬가지로 샴푸 역시 성분을 꼼꼼하게 따져봐야 한다. 제품의 표시 사항에 모든 성분이 공개되어 있는지, 설페이트계 계면활성제나 맹독성 방부제 등의 유해 성분이 함유되어 있지는 않은지 등을 확인한다. 강아지는 피부를 자주 핥기 때문에 화학 성분이 많이 함유된 제품을 사용하면 알레르기나 염증을 일으킬 가능성이 높으니 주의한다.

가능하면 찬바람으로 말린다. 목욕 후 수분 미스트를 뿌려주면 적당한 수분을 공급하고 정전기를 방지할 수 있다. 마지막으로 부드럽게 빗질을 해준다.

❷ 항문낭 관리

강아지가 배변을 하면 변에 항문낭액이 조금씩 묻어나오는데, 그 냄새를 통해 서로를 확인하고 영역을 표시한다. 항문낭액이 바로 강아지 특유의 냄새의 주범이다. 이것을 주기적으로 배출하기 위해 엉덩이를 땅에 끌고 다니는 행동을 한다. 이런 행동은 예민한 항문 주름에 염증을 일으키고 거무스름하게 만든다. 또 이것이 심해져 항문낭이 파열되면 항문 주변의 피부 조직에도 구멍이 뚫린다. 따라서 항문낭액을 제때 짜주어야 한다. 목욕을 할 때 짜주면 좋다.

◇ 항문낭 짜는 방법

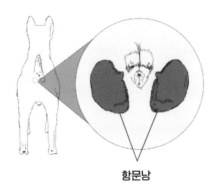

항문낭

꼬리를 들고 항문을 보면 항문의 좌우로 대각선 아래쪽(4시와 8시 방향)에 볼록한 것이 만져진다. 볼록한 것이 만져진다면 항문낭이 차 있는 상태다. 비닐장갑을 낀 뒤 엄지와 검지로 양쪽에서 살살 누르면서 아래에서 위로, 항문 밖으로 빼듯이 빼주면 된다. 억지로 눌러 짜는 것이 아니라 항문쪽으로 살살 밀어준다는 느낌으로 짜준다. 만약 혼자 하기 어렵다면 병원에 데려가도록 한다.

3 귀 관리

강아지의 청각은 후각과 함께 가장 발달한 감각 기관 중 하나로 인간보다 훨씬 멀리서 나는 소리도 들을 수 있고 가청 범위도 매우 넓다. 따라서 평소에 귀 관리를 잘 해서 뛰어난 청각 능력을 유지할 수 있게 해주어야 한다. 강아지는 기본적으로 귀지가 많이 생기지 않는다. 평소에는 귀 안쪽 냄새를 확인하는 것만으로도 충분하다. 그러나 귀지가 많이 쌓이고 귓병이 있으면 고약한 냄새가 난다. 따라서 귓병으로 발전하기 전에 해줄 수 있는 귀 청소 방법을 살펴보자.

❶ 기본 도구

- 세정액
- 화장솜이나 탈지면(면봉)
- 겸자

❷ 귀 청소 방법

1. 먼저 간식으로 관심을 유도한다. 손에 간식을 보일 듯 말 듯 쥐고 냄새를 맡게 한다.

2. 간식에 관심을 보이면 주면서 몸통을 먼저 만지고 나서 머리를 만진 후에 귀를 만진다.

3. 바닥보다는 테이블에서 하는 것이 좋다. 그래야 강아지의 움직임을 제한

해서 좀 더 손쉽게 귀 청소를 할 수 있다. 이때 '앉아', '엎드려' 등의 훈련을
해두면 도움이 된다.

4. 귀 세정액을 귓속에 충분히 넣는다.

5. 귓구멍을 화장솜으로 막고 살살 흔들면서 연골을 마사지한다. 마사지하기
   힘들면 귀를 살살 흔들기만 해도 세정액이 위아래로 흐르면서 귀지를 녹여
   낸다.

6. 강아지가 귀를 흔들어서 이물질을 털어내면 화장솜으로 세정액을 닦아낸
   다. 잔여물로 인해 염증이 발생할 수 있으므로 깨끗하게 닦는다.

7. 또는 세정액을 묻힌 탈지면을 겸자를 이용하여 귓속으로 넣은 후 아래쪽에
   서 위쪽으로 닦는다. 면봉을 귓속 깊숙이 넣으면 외이염을 유발할 수 있으
   므로 주의한다.

4 발톱 관리

톳톳톳…. 강아지가 실내에서 이런 소리를 내며 걸어다닌다면 발톱을 잘라주어야 한다. 발톱이 길어서 발을 바닥에 디딜 때마다 이런 경쾌한 소리가 나는 것이다. 실내 생활을 하는 강아지는 바깥 생활을 하는 강아지보다 발톱이 잘 닳지 않기 때문에 계속 잘라주어야 한다. 한 달에 1~2회 정도가 적당하다. 특히 앞발 안쪽에는 며느리발톱이라는 퇴화된 발톱이 있는데 이것이 길어지면 피부 질환을 일으킬 수 있기 때문에 잘라준다. 길게 자란 발톱은 보행 이상은 물론 여러 관절 질환을 일으키기 때문에 잘 관리해주어야 한다. 만약 강아지가 지나치게 움직이거나 싫어해서 발톱을 자르기가 어렵다면 병원 등을 찾아가는 것도 방법이다.

❶ 기본 도구

· 강아지용 발톱깎이: 플라이어형과 가위형, 단두대형으로 나뉘며, 보통 플라이어형이나 가위형을 많이 사용한다. 보호자가 사용하기 쉬운 것을 고른다.

· 손톱 손질용 줄

· 지혈제

❷ 발톱 자르는 방법

1. 발톱을 자를 때도 첫 경험이 중요하다. 처음에 혈관을 건드려서 아팠거나

피가 난 경험이 있다면 발톱 자르는 일은 공포가 될 것이다. 따라서 아프지 않게, 간식도 먹으면서 즐겁게 할 수 있도록 한다.

2. 바닥보다는 강아지의 움직임을 제어하기 쉬운 테이블 위에서 한다. 왼쪽 겨드랑이로 강아지를 고정시키거나 다른 사람에게 강아지의 머리와 어깨를 붙잡아달라고 한다.

3. 발톱을 잘라주기 전에 주기적으로 발을 만져서 익숙해지게 한다. 발을 만져도 가만히 있으면 간식을 주어 좋은 기억을 심어준다. 발톱깎이를 옆에 가져다놓고 관심을 유도해본다.

4. 발을 만지는 것과 발톱깎이에 거부감이 없어지면 발바닥을 부드럽게 눌러 발톱이 드러나게 해서 잘라본다. 이때 강아지가 조금이라도 싫어하면 즉시 그만둔다. 소형견은 대형 목욕 수건으로 몸을 감싸고 발톱 한 개씩만 드러나게 하여 자르면 안전하다.

5. 먼저 강아지의 시야에서 먼 뒷발부터 자르는 것이 좋다. 강아지가 움직이지 못하게 발톱의 뿌리를 엄지와 검지로 단단히 잡고 자른다.

6. 한번에 네 발의 발톱을 다 자르려고 서두르지 말자. 강아지의 반응이나 컨디션을 봐가면서 잘라준다. 발톱깎이에 대한 저항감을 줄여나가는 것도 중요하다. 마지막으로 줄로 발톱 끝을 다듬어준다.

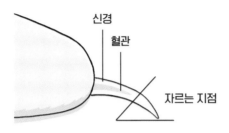

◇ 발톱에서 피가 난다면

혈관을 잘못 잘라 피가 날 경우 솜이나 휴지로 출혈 부위를 몇 분간 꾹 누르면 대부분 지혈된다. 이런 경우를 대비해 가정상비약으로 지혈제를 구비해둔다. 지혈제에는 파우더, 젤, 패드 등 다양한 형태가 있다.

흰 발톱 vs. 검은 발톱

발톱에는 흰 발톱과 검은 발톱이 있다. 흰 발톱은 혈관(분홍색)이 잘 보이지만 검은 발톱은 혈관이 보이지 않아 자칫하면 잘못 자르기 십상이다. 이때는 여러 번에 나누어서 짧게 잘라나간다. 발톱 절단면 가운데에 심이 보일 때까지 자른다. 흰 발톱은 혈관에서 2mm 정도 여유를 두고 자른다. 강아지가 움직이면 위험하므로 발톱을 자를 때는 단번에 잘라낸다.

강아지는 스스로 양치질을 할 수 없어 치아에 치태(플라크)나 치석이 잘 쌓여 잇몸병은 물론 치주 질환에 걸리기 쉽다. 심해지면 발치를 해야 할 수도 있다. 그런 상황을 막으려면 평소 양치질을 해주고 건강검진을 꾸준히 받도록 한다. 간식 형태나 잇몸에 발라주는 치약도 있지만 치약과 칫솔을 사용해 양치질을 해주는 것이 가장 효과적이다. 어릴 때부터 양치질에 익숙해지게 해서 치아 건강을 지켜주자.

❶ 기본 도구

• 치약

• 칫솔

❷ 양치질 방법

사람과 마찬가지로 이빨 전체가 아니라 잇몸과 이빨 사이, 이빨과 이빨 사이, 이빨의 뒷면을 잘 닦아주어야 한다. 특히 위아래 송곳니 및 뒤쪽의 큰 어금니(열육치, 고기를 뜯을 때 사용하는 이빨)를 잘 닦는다. 처음에는 좌우 한 번씩만 쓸어주는 것을 목표로 하고 이때 폭풍 칭찬을 하면서 간식(치약)을 준다. 강아지가 양치질 시간을 간식을 먹고, 칭찬을 받는 시간으로 인지시키는 것이 중요하다. 그렇게 되면 강아지는 물론 보호자도 양치질로 인한 스트레스가 많이 줄어들 것이다.

1. 적응할 때까지 하루에 한 번 치약을 짜서 냄새 맡게 하거나 핥아 먹게 한다.

2. 강아지가 치약을 핥는 동안 손가락을 넣어 치아나 잇몸을 만져준다.

3. 칫솔에 바른 치약을 스스로 핥게 한다.

4. 본격적으로 양치질을 한다. 이빨을 구석구석 깨끗하게 닦아야 한다는 강박관념을 버리고 즐겁게 놀이하듯이 한다.

감사의 글

세상 모든 강아지들이 행복하게 살기를 바라는 마음으로, 또 모든 보호자들이 강아지를 이해하고 소통할 수 있기를 바라는 마음에서 시작한 일이었습니다. 제 나름대로는 수십 년의 경험과 노하우가 쌓였으니 금세 책을 쓸 수 있을 것이라 자만했습니다. 그러나 욕심을 내어 많은 정보를 담으려 하다 보니 자료를 모으는 단계부터 만만치 않았습니다. 주위에서 많은 분들이 열성을 다해 도와주셨기에 이 책이 완성될 수 있었습니다.

먼저, 강아지 건강 유지를 위한 기본적인 케어법과 각종 질환에 대한 정보, 응급처치법까지 상세하게 알려주시고 도움 말씀을 주신 24시청담우리동물병원 윤병국 원장님께 감사드립니다. 여느 강아지 건강서에 못지 않을 만큼 상세한 정보를 이해하기 쉽게 알려주셔서, 초보 보호자들에게 큰 도움이 되리라 생각합니다.

또한 강아지의 기본적인 미용 관리에 대해 상세한 정보를 주신 중앙애견미용학원 김선희 원장님께도 감사의 말씀을 전합니다. 강아지의 털 손질과 귀·발톱·치아 관리 등은 애견숍이나 동물병원에 맡길 수도 있지만, 보호자가 직접 해주어야 상호간 신뢰관계와 애정에 도움이 된다며 해당 정보들을 쉽게 전달해주셨습니다.

사료와 간식, 영양제에 대하 정보를 주신 내추럴발란스 윤성창 부사장님께도 감사드립니다.

바쁜 와중에도 시간을 쪼개 방대한 자료를 모으고 한데 정리해준 오현아 훈련사님과 한미경 작가님에게도 감사를 전합니다.

마지막으로 이 책을 읽어주실 독자들께도 감사드립니다. 강아지는 너무나 사랑스런 존재이기에 만나자마자 꼭 끌어안고 뽀뽀하고, 하루 빨리 함께 다양한 훈련도 하고 싶을 것입니다. 그러나 강아지도 생명체이기에 서로 이해하고 적응하는 시간이 필요합니다. 강아지를 가족으로 맞아들였다면 조급해하지 말고 '강아지를 공부하는 시간'을 갖는 것이 어떨까요. 바로 이 책을 통해서 말입니다.

❀ 이웅용의 ❀
강아지
심리백과

초판 1쇄 발행 2019년 3월 25일
초판 5쇄 발행 2022년 11월 15일

지은이 이웅용
펴낸이 정용수

편집장 김민정 편집 조혜린
디자인 김민지
영업·마케팅 김상연 정경민
제작 김동명 관리 윤지연

펴낸곳 ㈜예문아카이브
출판등록 2016년 8월 8일 제2016-000240호
주소 서울시 마포구 동교로18길 10 2층(서교동 465-4)
문의전화 02-2038-3372 주문전화 031-955-0550 팩스 031-955-0660
이메일 archive.rights@gmail.com 홈페이지 yeamoonsa.com
인스타그램 yeamoon.arv